TARIF

POUR RÉDUIRE TOUTE ESPÈCE

D'ARBRES EN GRUME,

D'APRÈS

LEURS CIRCONFÉRENCES ET LONGUEURS,

EN PIÈCES OU SOLIVES APPELÉES LE GRAND CENT;

A l'aide duquel on trouve le Produit distinct de 4 Réductions;

Lesquelles sont :

1° Au 5e, 2° au 6e, 3° au 7e, 4° au rond.

Suivi de

21 TABLES DE COMPARAISON.

Par Henri-Alexis Laurent,

Ancien garde-vente, voyer de la ville d'Epernay, auteur d'un Tarif de bois de charpente.

A ÉPERNAY,

Chez { Mme Ve Fiévet, Imprimeur-Libraire, Place du Marché au Blé.
L'Auteur, rue Chocatelle, n° 19.

1839.

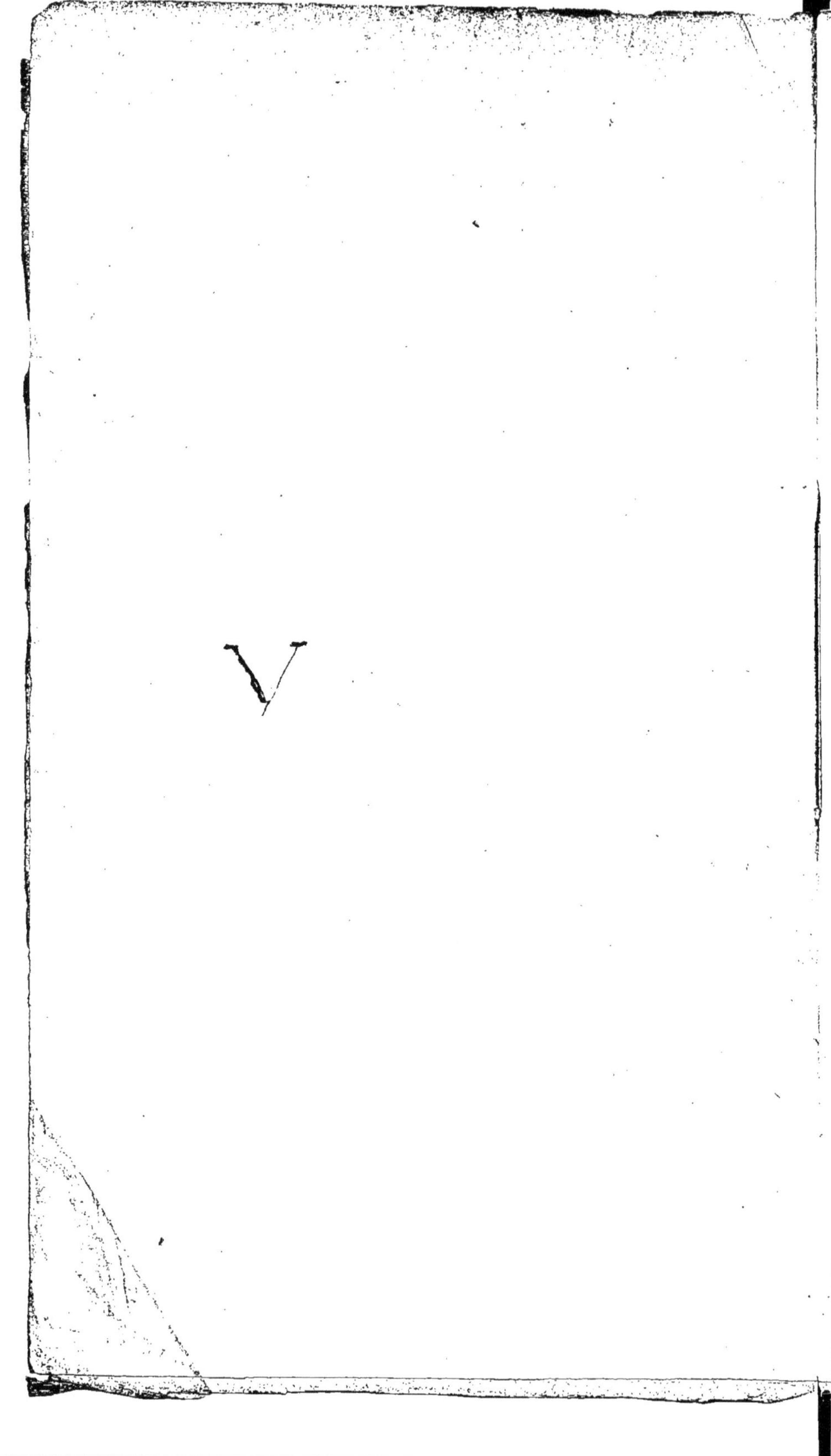

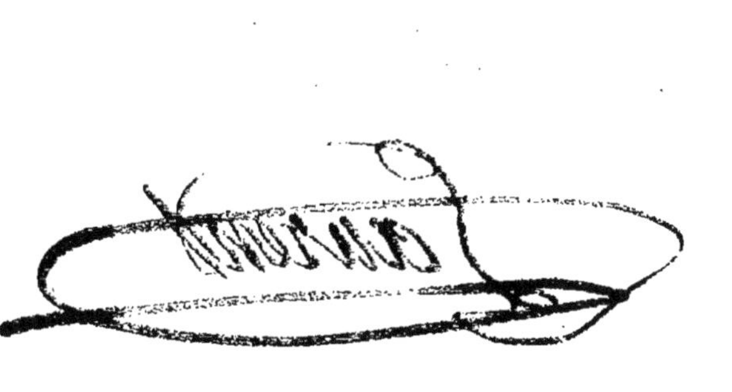

Prix : broché, 2 fr.
relié, 2 fr. 75c

TARIF

POUR RÉDUIRE TOUTE ESPÈCE

D'ARBRES EN GRUME.

TARIF

POUR RÉDUIRE TOUTE ESPÈCE D'ARBRES EN GRUME,

D'APRÈS

LEURS CIRCONFÉRENCES ET LEURS LONGUEURS,

EN PIÈCES OU SOLIVES APPELÉES LE GRAND CENT;

A l'aide duquel on trouve, depuis 1 pied jusqu'à 30,

Le Produit distinct de Quatre Réductions;

LESQUELLES SONT :

1° Au 5e, 2° au 6e, 3° au 7e, 4° au rond.

SUIVI DE

21 TABLES DE COMPARAISON.

Ouvrage utile aux Marchands de bois, Gardes-ventes, Charpentiers, Charrons, Sabotiers, et à tous ceux qui sont susceptibles de vendre ou d'acquérir des arbres en grume.

Par Henri-Alexis Laurent,

ANCIEN GARDE-VENTE, VOYER DE LA VILLE D'ÉPERNAY, AUTEUR D'UN TARIF DE BOIS DE CHARPENTE.

A ÉPERNAY,

Chez { Mme Ve FIÉVET, Imprimeur-Libraire, Place du Marché au Blé.
{ L'AUTEUR, rue Chocatelle.

1839.

ÉPERNAY, IMPR. DE Mme FIÉVET.

INTRODUCTION.

Depuis plusieurs années j'avais conçu le projet de faire un Tarif uniquement destiné au mesurage des arbres en grume.

Sous l'Empire j'avais même commencé un ouvrage à ce sujet, suivant le système métrique; mais la Restauration étant venue changer ce système, j'abandonnai l'ouvrage pour établir mon Tarif de bois de charpente.

En 1832, un Marchand de bois vint réveiller en moi l'idée de retravailler à un Tarif pour la réduction de toute espèce d'arbres en grume, et j'en dressai le plan ainsi qu'il suit, à raison de la circonférence et de la longueur de chaque arbre.

On a donné au tiers de mètre le nom de pied, ce pied contient 12 pouces, et ce pouce 12 lignes; enfin ce pied, ou tiers de mètre, a les mêmes sous-multiples que le pied ancien.

Le pied ancien avait 12 pouces linéaires.

Le pied métrique ou usuel a 12 pouces linéaires.

Le pied superficiel avait 144 pouces superficiels.

Le pied superficiel usuel a 144 pouces superficiels.

Le pied cube ancien avait 1728 pouces cubes anciens.

Le pied usuel a 1728 pouces cubes usuels.

Trois pieds cubes anciens égalaient 5184 pouces cubes, et sont égaux à une solive ancienne réduite, comme trois pieds cubes usuels égalent une solive usuelle; mais les valeurs de ces deux espèces de solives sont différentes, puisque la solive ancienne vaut, en mètres, 0,102,831,76, etc., et la solive usuelle 0,111,111,11, etc.

C'est d'après ce développement que j'ai établi les circonférences, sans distinction de système ancien ou usuel, depuis 12 jusqu'à 192 pouces inclus, afin que le résultat ou produit puisse également servir pour les quantités usuelles et pour les quantités anciennes.

Si une circonférence quelconque a été prise avec une mesure usuelle, le résultat qu'elle produira sera nécessairement de valeur usuelle. De même, si la circonférence a été prise avec une mesure ancienne, son résultat sera aussi nécessairement de valeur ancienne.

La solive ancienne était une unité de mesure pour le bois de charpente; elle contenait 5184 pouces cubes. M. Desclos l'avait divisée en 72 parties égales, de chacune 72 pouces cubes qu'il a nommés pouces-solives; il a ensuite divisé le pouce en 12 autres parties égales qu'il a nommées lignes-solives.

J'ai divisé la même solive dans mon Tarif de bois de charpente, 1° en 6 parties égales entre elles = à 432 pouces cubes que j'ai nommés pieds-solives; 2° j'ai divisé chacune de ces 6 parties en 12 autres = à 72 pouces cubes que j'ai nommés pouces-solives; 3° j'ai ensuite divisé ces dernières parties en 12 autres toujours égales que j'ai nommées lignes-solives = à 6 pouces cubes.

Mais dans l'ouvrage dont s'agit ici j'ai divisé la solive, la même de M. Desclos, en dix parties, toujours de dix en dix fois plus petites, de manière que la première décimale égale 7 pouces 2 lignes 4 dixièmes = à 518 pouces cubes 4 dixièmes; la deuxième égale 8 lignes 64 centièmes = à 51 pouces cubes 84 centièmes; et la troisième égale 864 millièmes = à 5 pouces 184 millièmes.

Je n'ai pas poussé plus loin la division décimale de la solive; j'ai cru devoir m'arrêter là, attendu que la troisième décimale se trouve plus petite qu'une ligne-solive ancienne qui est presque toujours négligée.

J'ai choisi le calcul décimal, 1° parce qu'il est devenu très-familier, et qu'il est plus facile d'après les prix de trouver le résultat des sommes; 2° que le pied métrique, ou tiers de mètre, est établi en vertu d'une loi qui est obligatoire pour les Français; 3° que nous ne pouvons trop nous familiariser avec le calcul décimal.

Dans les Tables de comparaison, les fractions décimales y sont poussées jusqu'à la quatrième inclusivement, pour la plus grande justesse des opérations.

Dans le cours de mon travail, un Marchand de bois me fit sentir le désir qu'il avait de voir les circonférences descendues jusqu'à 2 pouces. Je lui réponds ici qu'en prenant les produits de 20, 30, 40, 50, 60, 70, 80, 90, 100, 110, et les divisant par 100, il obtiendra ceux de 2, 3, 4, 5, 6, 7, 8, 9, 10 et 11 pouces de circonférence.

Exemple : Soit une circonférence de 2 pouces, voyez la circonférence de 20 pouces ; voyez ensuite sur la série des longueurs celle de votre morceau de bois, que je suppose ici être de 25 pieds, de réduction au rond, vous trouverez au produit 1 solive 447, que vous diviserez par cent ; il viendra pour produit réel de la circonférence de 2 pouces 0 solive 014,47.

ARTICLE 1er

§. Ier.

Ce Tarif renferme 91 Tables de réduction, contenant chacune une page composée de quatre petits tableaux distincts, qui indiquent autant de modes de réduction particulière, d'après la circonférence désignée en tête de chaque table ; savoir :

Le premier, celui du cinquième déduit ;
Le deuxième, celui du sixième déduit ;
Le troisième, celui du septième déduit ;
Et le quatrième, sans déduction de la circonférence.

Ces tableaux comprennent deux colonnes : la première donne la série des longueurs depuis 1 pied jusqu'à 30 ; la deuxième, les unités des produits, et les fractions jusqu'à la troisième décimale, qui ne sont séparées des unités que par un point.

§. II.

De la Valeur des produits.

Sur les Tables de réduction les produits sont indiqués en solives et fractions décimales de solive, sans désigner si elles sont usuelles ou anciennes, attendu que le pied usuel et le pied ancien ont les mêmes multiples dans leurs première, deuxième et troisième puissances ; que la solive usuelle a les mêmes sous-multiples que la solive ancienne ; que la même circonférence ne peut point donner deux résultats différents pour le même mode de réduction ; car une circonférence de 36 pouces usuels, sur 30 pieds usuels de longueur, produirait :

1° Au cinquième déduit,	3 sol. usu.		600 millièmes;
2° Au sixième déduit,	3	*id.*	906 millièmes;
3° Au septième déduit,	4	*id.*	130 millièmes;
4° Et sans déduction,	5	*id.*	625 millièmes;

La même circonférence de 36 pouces anciens donnerait nécessairement les mêmes résultats, mais en valeur de solive ancienne.

§. III.

Ce simple exposé doit paraître suffisant pour faire distinguer le pied ancien du pied métrique, que désormais je nommerai pied usuel, ainsi que la solive duquel elle tire son origine.

La première puissance du pied usuel égale 33 millimètres 1 tiers = à 12 pouces = à 178 lignes usuelles.

Sa 2e puissance égale en mètre superficiel 0,111,111, etc. = à 144 pouces = à 20,736 lignes usuelles superficielles.

Sa troisième puissance égale en mètre cube ou stère 0,037,037,037, etc. cubes = 2,985,984 lignes usuelles cubes.

Trois de ces pieds égalent en stère 0,111,111,111,111, etc. = 5184 pouces usuels cubes = 8,957,952 lignes usuelles cubes, exactement une solive usuelle.

Je répète ici que j'ai adopté les fractions décimales pour les produits des résultats dans nos Tables de réduction ; j'ajoute pour raison, 1° que ce calcul est le plus abrégé et le plus sûr; 2° que la demande m'en a été faite par plusieurs Marchands de bois; 3° que les longueurs n'étant portées sur les Tables de réduction que jusqu'à 30 pieds, on peut au besoin, sans erreur sensible, les porter à 40, 50, 60, 70, 90, et même jusqu'à 300 pieds.

Exemple : Soit une circonférence de 80 pouces sur plusieurs longueurs réunies qui formeraient ensemble 300 pieds, voyez page 35 du Tarif, où il est écrit en tête : Circonférence de 80 pouces, au tableau du sixième déduit, à la ligne 30 pieds de longueur, vous trouverez un produit de 19 solives 282 millièmes. En reculant la décimale d'un chiffre de droite à gauche, vous aurez pour le produit de 300 pieds de longueur 192 solives 82 centièmes.

ARTICLE 2.

§. Ier.

Des Circonférences et de la manière de les prendre.

Une circonférence peut être considérée ici comme formant un cercle déployé qui ceint naturellement tout arbre en grume.

On prend ordinairement la circonférence d'un arbre au milieu de sa longueur; ce mot milieu ne doit être pris à la lettre que lorsqu'à ce milieu il n'y a aucune excroissance qui puisse faire augmenter la cicconférence réelle de l'arbre. Dans ce cas il me semble qu'il serait équitable de prendre la circonférence à égale distance des deux extrémités de l'arbre, c'est-à-dire au-dessus de la naissance des racines, et à pareille distance du sommet de l'arbre, au-dessous de la naissance des dernières branches; ensuite d'additionner le produit des deux circonférences, dont la moitié serait celle moyenne ou réelle de l'arbre, ou celle cherchée.

Si dans la longueur d'un arbre en grume il se trouvait une diminution trop subite qui fît présumer la nécessité de faire un retrait en l'équarrissant, il serait aussi de toute équité de prendre deux circonférences comme si c'était deux arbres différents, ou qui devraient porter un échantillon dissemblable.

§. II.

Tout pouce incomplet d'une circonférence doit être impitoyablement négligé, parce qu'un acquéreur ne peut pas payer du bois qui ne lui serait pas livré, et qu'il ne pourrait point retrouver dans son débit.

D'un autre côté, que les vendeurs ne se plaignent point de cette légère et apparente concession, si c'en est une; car dans le cours de cet ouvrage le bois y est mesuré comme on pèse l'or.

Ce raisonnement ne veut pas dire qu'il faut négliger les pouces impairs. Dans ce cas on peut prendre les deux produits voisins qui sont des circonférences paires, additionner ces deux produits, les diviser par deux, et le quotient donnera le produit désiré.

Exemple : Soit un arbre de 23 pieds de longueur et de 59 pouces de circonférence, réduit au cinquième, voyez les circonférences

1° De 58 pouces, longueur de 23 pieds = 7 sol. 164
2° De 60 pouces, longueur de 23 pieds = 7 sol. 667

Total des deux produits. . . 14 sol. 831

Divisé par 2 = la quantité cherchée, ci. . . 7 sol. 416

Avec de pareils procédés on obtiendra sans peine les produits exacts de toutes les circonférences en nombre de pouces impairs, pour les quatre modes de réduction.

On prend ordinairement les circonférences avec une ficelle ou petit cordeau. Il serait à désirer qu'on pût les prendre avec quelque chose d'assez souple pour ceindre toute espèce de grosseurs d'arbres, et être le moins possible perméable à l'influence de l'air. Par exemple, une chaîne en fer et en cuivre servirait pour indiquer les distances des chaînons à partir de l'axe de chaque rivure.

Cette chaîne pourrait être composée de chaînons de six lignes, ou deux centimètres.

§. III.

On peut se figurer la circonférence d'un arbre quelconque être un cercle qui le ceint naturellement, tel que le figure le cercle ADBC au sixième paragraphe du présent article. Le diamètre touche la ligne du cercle AB. Le cercle entier est la circonférence décrite par la ligne circulaire. L'aire ou superficie du cercle comprend tout ce qui se trouve inscrit dans ce cercle.

Si l'on abaisse une perpendiculaire au diamètre AB, laquelle passe aussi par le centre O, et touche par ses deux extrémités la ligne du cercle, les deux lignes AB et DC formeraient ensemble quatre triangles rectangles dont les sommets toucheraient au point du centre en O. Les côtés de chacun de ces angles toucheraient aussi la ligne du cercle, et formeraient autant de rayons de ce même cercle en OA, OB, OC, OD. AOB = le diamètre COD.

Nous ne nous occuperons ici du cercle qu'en ce qui concerne la réduction des arbres en grume, pour tendre à prouver que M. Desclos, dans son mode de réduire au sixième déduit, a fait passer ce cercle entre le bois et l'écorce.

§. IV.

Soit un arbre dont la circonférence est de 126 pouces, ôtez-en le sixième qui est de 21, le reste sera de 105 pouces;

prenez le quart de ce reste qui est de 26 pouces 25 cent., ou un quart de pouce; échantillon que l'arbre dont s'agit porterait s'il était équarri.

Faisant la figure ADBC = 126 pouces, page 58. Opérant par cette analogie 100 : 93 :: 126 : x, il viendra x = 117.18 pour la circonféreuce *adbc*, espace entre les deux cercles qui représente l'écorce.

117 pouces 18 centièmes forment la circonférence du dessous de l'écorce, ou la ligne qui sépare le bois de l'écorce. Pour obtenir le diamètre de cette circonférence dites 22 : 7 :: 117.18 : x,x. = le diamètre *ab* = 37 pouces 2845. Portez ce decnier nombre à son carré, le produit sera de 1390,130,940,25. De la moitié de ce produit, qu i est de 695 pouces 0654,707,25, extrayez la racine 2e, elle se trouvera être de 26 pouces 364 = *ac* = *cb* = *bd* = *da* = l'échantillon que l'arbre porterait s'il était équarri.

La différence qui existe entre ce mode de réduire cette circonférence et celui de M. Desclos, est en plus de 0 pouce 114 millièmes de pouce = à 1 ligne 568 millièmes de ligne sur chaque face de l'échantillon.

§. V.

On prend ordinairement les circonférences des arbres en grume sur leur écorce, qui s'y trouve comprise. Cependant, à mon avis, l'écorce n'est point du bois marchand. M. Desclos a bien senti cette vérité en nous donnant le mode de réduire les arbres en grume au sixième déduit de la circonférence.

M. Herbin de Halle s'en explique assez clairement page 38 de son cubage des bois. De notre côté nous avons pris la circonférence de plusieurs morceaux de bois de chêne, avec et sans leur écorce; nous avons reconnu que la différence entre le bois et l'extérieur de l'écorce est comme 100 : 93. Pour cette épreuve, voyez le quatrième paragraphe.

Nous allons opérer sur un morceau de bois que nous donne M. Desclos à la fin de son Tarif; lequel est supposé avoir 6 pieds 6 pouces, ou 78 pouces de circonférence.

M. Desclos dit à ce sujet, page 54 de son Tarif :

« Un morceau de bois aura dans son milieu six pieds et » demi de tour, qui font 78 pouces; ôtez-en la sixième » partie qui est 13, il vons restera 65 pouces, dont le quart » sera 16 pouces, que votre morceau de bois doit porter » d'équarrissage. » M. Desclos néglige le pouce restant, comme il est d'usage; s'il ne l'eût point négligé, il aurait eu 16 pouces 25 centièmes, ou un quart de pouce.

Nous, nous disons 100 : 93 :: 78 pouces : x.

x devient = à 72 pouces 54 centièmes pour la circonférence du dessous de l'écorce. Opérant comme au §. IV du présent article, *ab* sera de 23 pouces 8 centièmes, et *ac*, *ab*, *db*, *da* deviendront chacun égaux à 16 pouces 32 centièmes, pour échantillon.

Opérant de même sur la circonférence 168 pouces sur l'écorce, celle de dessous deviendra 156 pouces 24 cent., et donnera pour résultat 35 pouces 152 millièmes d'échantillon, et M. Desclos 35 pouces exactement.

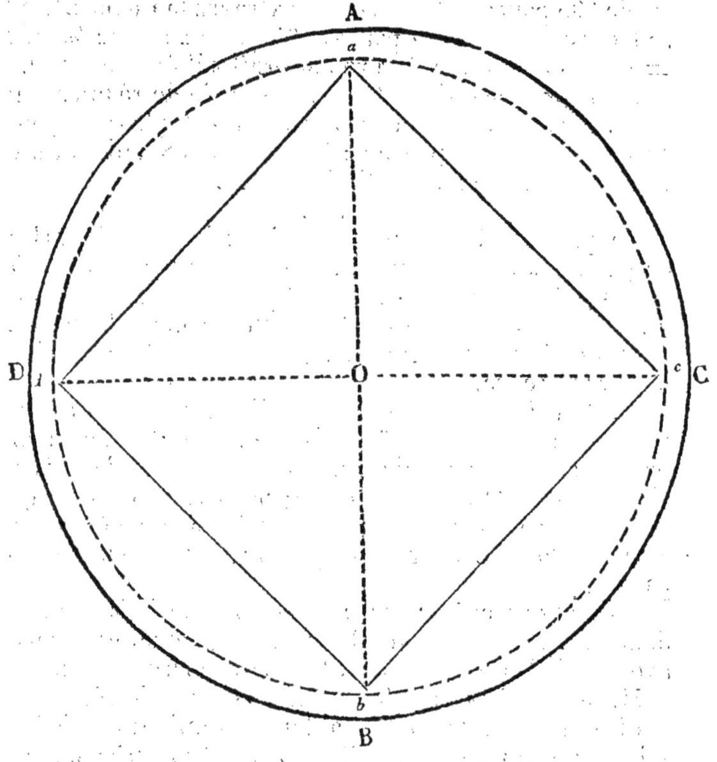

§. VI.

La circonférence 192 pouces sur l'écorce deviendra de 178 pouces 56 centièmes dessous, et donnera pour résultat un échantillon de 40 pouces 174 millièmes, et suivant M. Desclos, 40 pouces exactement. Si nous faisons la circonférence ABCD = 30 pouces sur l'écorce *(fig. ci-dessus, art.* 2, §. 5*)*, opérant comme en l'art. 1er, §. 4, et par cette analogie 22 : 7 :: la circonférence : au diamètre, le quotient donnerait pour 4e terme *ab* = 8 pouces 877 = le diamètre dessous l'écorce.

Portant ce diamètre à sa deuxième puissance nous aurions 78 pouces 801 millièmes. Divisant cette quantité par deux, nous aurons pour reste au quotient 39 pouces 400 millièmes = au double carré du rayon *oc*; de laquelle quantité, extrayant la racine 2e, il viendrait au dividende 6 pouces 277 millièmes pour échantillon = *ac* = *cb* = *bd* = *da*.

Ces trois exemples doivent suffire pour prouver que le mode de réduction au sixième déduit de la circonférence, qui nous a été enseigné par M. Desclos, est le plus équitable, et que cet estimable auteur a fait passer idéalement la circonférence entre le bois et l'écorce.

ARTICLE 3.

Des Modes ou Systèmes de réduction.

§. Ier.

M. Desclos nous a laissé deux modes de réduction pour les bois en grume, qui sont le cinquième et le sixième déduits de la circonférence.

Le premier mode est le seul adopté par M. Herbin de Halle dans son cubage des bois.

Le deuxième a été sapé d'un trait de plume par le même auteur, sous le prétexte, suivant lui, qu'il n'était plus en usage.

Il en existe deux autres dont M. Desclos ne nous parle point.

Le premier est la réduction au septième déduit de la circonférence.

Le deuxième est appelé au rond, parce qu'il s'opère sans aucune déduction de la circonférence.

M. Tremblay, dans son Manuel du Marchand de bois, avait aussi indiqué les deux modes de réduction donnés par M. Desclos; mais dans les éditions suivantes, sur une simple critique, sans examen de M. Herbin de Halle, il a réformé le mode du sixième réduit pour ne conserver que celui du cinquième.

Sans égard pour celui des quatre modes de réduction qui aurait été le plus ou le moins en usage, nous avons cru devoir les conserver tous les quatre, avec d'autant plus de raison que l'on peut en faire usage pour le système décimal comme pour l'ancien. Aussi, dans ce Tarif, nous les avons mis en face sur la même page, afin que l'on puisse toujours les avoir tous les quatre comme en présence sous les yeux.

Il ne sera plus aussi facile de tromper ni d'être trompé sur la valeur correspondante de ces quatre modes de réduction entre eux, surtout lorsqu'on se sera familiarisé avec les Tables de comparaison Nos 10, 11, 12 et 19, et pour les prix, avec celles Nos 14, 15, 16 et 17.

§. II.

Remarques sur les quatre Modes de réduction.

1° La réduction au cinquième déduit de la circonférence avive trop fort; aussi elle n'a jamais été en usage que pour les estimations de grandes quantités d'arbres en grume sur pied, à cause de son abréviation, parce que le cinquième donnait l'échantillon supposé.

2° Le mode du sixième déduit est le plus équitable. Ce que nous venons de prouver au paragraphe 4 de l'art. 2.

3° Le mode de réduire au septième déduit n'a point non plus été en usage; il pourrait peut-être approcher de la manière dont on équarrit les bois de charpente aujourd'hui; car ils ne sont flattés à la hache que pour les faire tenir sur les tréteaux pour les débiter au besoin.

4° Le mode de réduire les arbres en grume sans déduction de la circonférence, appelé aussi réduction au rond, parce que pour obtenir l'échantillon désiré il s'agit tout simplement de prendre le quart de la circonférence, est le plus en usage pour les bois d'industrie.

Comme nous l'avons déjà dit, que ces quatre modes sont toujours en présence, que leurs valeurs respectives et la correspondance de leurs prix y sont bien établies, nous croyons avoir tout rapproché d'une manière satisfaisante.

Nous n'avons jamais prétendu rien changer à ces différents modes de réduction, sur lesquels nous nous sommes peut-être trop étendu; car ils sont connus et établis dans le commerce pour ce qu'ils sont, cela doit nous suffire.

ARTICLE 4e.

§. Ier.

Manière d'opérer sans le secours du Tarif.

Soit la circonférence d'un arbre en grume que nous supposons ici être de 42 pouces.

Par les quatre analogies suivantes on obtiendra l'échantillon de chaque mode de réduction.

1° P. le 5e, 5:1::42:x=8°,40$\times$8°,40=70°,56² = l'aire moy.
2° P. le 6e, 24:5.:42:x=8°,75$\times$8°,75=74,2625² = *id.*
3° Pour le 7e, 14 : 3 :: 42 : x = 9° $\times$ 9° = 81² = *id.*
3° Au rond, 4:1::42:x=10°50$\times$10°,50=110,25 = *id.*

Explication. Par exemple, le produit de la première analogie, ou la valeur de x, est de 8 pouces 40 centièmes. Cette quantité étant multipliée par elle-même, donne un produit égal à 70 pouces 56 centièmes carrés, qui est l'aire moyenne de l'arbre dont s'agit. Si nous supposons cette aire ou superficie moyenne d'un pouce d'épaisseur, prise sur la longueur de l'arbre, elle deviendra de 70 pouces 56 centièmes cubes. L'arbre donnera autant de fois ce produit que sa longueur contiendra de pouces = à 70 pouces 56 centièmes divisés par 5184, puisque la solive réduite contient 5184 pouces cubes. En divisant le dénominateur de cette fraction par 12, elle deviendra 7056 divisés par 432 = au produit d'un pied de longueur = en solive réduite à 0 pouce 163 millièmes, plus un tiers de millième, exactement.

Si on suppose la longueur de l'arbre de 25 pieds, le produit total serait de 4 solives 083 millièmes.

Cet exemple suffit pour toutes les circonférences qui peuvent se présenter, soit qu'elles soient prises en mètres, en pouces usuels ou anciens. Toutes celles contenues dans le présent ouvrage n'ont point été calculées autrement.

§. II.

Manière de faire usage du Tarif.

Soit un arbre en grume de la circonférence de 40 pouces sur une longueur de 25 pieds que l'on veut réduire au cinquième déduit, voyez page 15 du Tarif où il est écrit en tête : Circonférence de 40 pouces = à 3 pieds 4 pouces, ensuite la ligne 25 de la série des longueurs, vous trouverez que le produit est de 3 solives 704 millièmes.

§. III.

Dans le cas où l'on aurait pris une ou plusieurs circonférences avec le mètre, on pourra convertir ces mesures en pouces usuels à l'aide de la Table N° 19 à ce destinée, ou opérer sur la mesure du mètre.

Soit un arbre dont la circonférence serait de 3 mètres 56 centimètres qu'on voudrait convertir en pouces usuels.

Voyez ladite Table, et prenez :

1° Pour 3 mètres	» centim.	=	108 pouces	» cent.
2° Pour »	50	=	18	»
3° Pour »	06	=	2	16
3 mètres	56 centim.	=	128 pouces	16 cent.

En négligeant les fractions décimales de pouce, la circonférence se trouve être de 28 pouces usuels.

Voyez cette circonférence page 59 du Tarif; supposant la longueur de 8 mètres = à 24 pieds, vous trouverez le produit être pour 24 pieds de longueur :

1° Pour le cinquième de 36 solives 409 millièmes.
2° Pour le sixième de. . 39 *id.* 477 *id.*
3° Pour le septième de 41 *id.* 795 *id.*
4° Pour le rond de. . . . 56 *id.* 889 *id.*

Ces quatre résultats sont différents à l'œil pour les produits, mais leurs valeurs sont les mêmes. Ce que nous démontrerons plus bas.

§. IV.

Soit le même arbre de 3 mètres 56 centimètres de circonférence, 8 mètres de longueur, opéré au sixième réduit. Faisant cette analogie 24 : 5 :: 3,56 : x, le résultat nous donnera x = 0,741,667, échantillon moy. Elevant cette dernière quantité à son carré, il viendra pour produit 0,550.07; lequel est le cube de l'arbre sur la longueur d'un mètre. Pour un décimètre = 00,550.07. Pour un centimètre = 000,550,07. Or, 0,550,07 × 8 mètres = 4 mètres ou stères 40056 centmillièmes.

Si on multiplie cette quantité par 9, on obtiendra, parce que nous n'avons point eu à négliger 16 centièmes de pouce comme au paragraphe III, 39 solives 605 millièmes.

La cause de cette différence est que dans les Tables du Tarif les calculs sont des résultats de circonférences composées de pouces pleins; au lieu que, dans cet exemple qui est tout métrique, il n'y avait rien à négliger. Mais par la comparaison de la circonférence métrique avec celle des pouces usuels il s'y trouve 16 centièmes en plus de 128 pouces. Le résultat ne peut être le même; en voici un exemple : 24 : 25 :: 128.16 : x. x = 26 pouces 70 cent. 26 pouces 70 centièmes élevés à leur deuxième puissance = 712 pouces 89 centièmes, et forment l'aire moyenne de l'arbre. (Art. 2, §. 3).

Si on suppose cette superficie d'un pouce de longueur, la quantité de 712 pouces 89 centièmes sera 712 pouces 89 centièmes cubes, desquels la solive en contient 5184.

Si on suppose la longueur de 12 pouces ou 1 pied, cette superficie deviendrait 712.89 chevilles de 12 pouces de longueur, sur 1 pouce de largeur et 1 de hauteur, et desquels la solive en contient 432.

Donc qu'en divisant 712.89 par 432 il viendra au quotient pour résultat 1,650,208,33 = 1 solive 650,208,33 pour un pied de longueur; et 24 pieds de longueur produiraient 39 solives usuelles réduites 606 millièmes. Cette différence de 16 centièmes de pouce sur la circonférence, en produit une autre entre les résultats de 0 solive 128 millièmes, qui, en supposant le prix de la solive usuelle à 6 francs, serait dans la somme totale de 0 franc 76,8 centimes.

A la fin de l'ouvrage nous donnons des Tables de comparaison de toutes les unités de mesures dont il y est question, leurs prix correspondants et la manière d'en faire usage.

§. V.

Des Echantillons et des Superficies moyennes des arbres en grume d'après leurs circonférences.

L'échantillon ou grosseur est la hauteur supposée de chaque face qu'un arbre en grume pourrait porter proportionnellement à sa circonférence s'il était équarri.

Par exemple, une circonférence de 24 pouces réduite au sixième donne un échantillon de 5 pouces.

Dans notre Tarif de bois de charpente nous avons placé les échantillons en tête de chaque Table de réduction; dans celui-ci nous avons cru en agir autrement pour ne point trop compliquer les têtes des Tables de réduction, et pour avoir la facilité de porter à 30 pieds la longueur des arbres.

Par ces motifs nous avons construit une Table, au moyen de laquelle on trouve, pour chaque circonférence, de deux pouces en deux pouces, depuis 12 jusqu'à 192 inclus, tous les échantillons pour chaque mode de réduction, sur la même ligne de la numération de la circonférence. (*Voyez page* xxj).

Par exemple, la circonférence de 44 pouces a pour échantillon, savoir :

1° Pour le cinquième, 8 pouces 80 centièmes;
2° Pour le sixième, 9 pouces 166 millièmes;
3° Pour le septième, 9 pouces 4286 dixmillièmes;
4° Sans déduction, 11 pouces.

§. VI.

L'échantillon porté à sa deuxième puissance ou à son carré produit la superficie moyenne en bout de l'arbre en grume. (Art. 2, §. 1er).

Toutes ces superficies sont considérées sans épaisseur; on lui en donne une nécessaire, par exemple, 1 centimètre, 1 décimètre, 1 ou plusieurs mètres, 1 tiers de mètre, 1 pouce ou un pied. Cette troisième dimension est prise sur la longueur ou hauteur de l'arbre, et forme la troisième puissance de la fraction de mesure employée pour faire la réduction désirée d'un arbre.

Nous avons aussi établi une Table à ce sujet page xxiv; laquelle indique la circonférence aussi de deux en deux pouces, depuis 12 jusqu'à 192. La même circonférence de 44 pouces donne une superficie, savoir :

Pour le cinquième	déduits,	77 pouces 44 cent.
Pour le sixième		84 pouces 270 milliè m.
Pour le septième		88 pouces 9000 dixmil.
Sans déduction,		121 pouces.

Toutes les superficies deviennent fractions d'une unité de mesure cube aussitôt qu'elle a une épaisseur de la plus petite fraction de cette unité. (Art. 2, §. 1er).

Sur les Tables de réduction la valeur des arbres en grume est donnée de pied en pied, depuis 1 pied jusqu'à 30 inclus. Chaque pied de longueur est composé de 12 pouces; le pouce superficiel doit donc être aussi composé de 12 pouces cubes, qu'on peut se figurer comme une cheville d'un pouce carré sur 12 de longueur. 5184 divisés par 12 = 432. Ainsi 432 : 1 :: la superficie : x.

Or, 432 : 1 :: 77,47 : x = 0 solive 179,259,259.
432 : 1 :: 83,027 : x = 0 solive 194,506,944.
432 : 1 :: 88,900 : x = 0 solive 205,787,037.
432 : 1 :: 121 : x = 0 solive 280,092.593.

Ces quatre résultats sont ceux des quatre modes de réduction pour la circonférence de 44 pouces sur 1 pied de longueur.

§. VII.

Suit une Table destinée à comparer toutes les superficies moyennes d'un arbre en grume quelconque, quel que soit la circonférence et le mode de réduction employés, sans autre secours que celui de l'addition.

Cette Table est composée de deux parties : la première colonne, à gauche, indique les fractions de pouce-pied, que nous nommons pouce-cheville à cause de sa longueur de 12 pouces, depuis 1 dixmillième jusqu'à l'unité; la deuxième colonne, à droite, donne les produits correspondant en valeur de fractions de solive.

La deuxième partie de la Table, première colonne, indique aussi la superficie par chevilles depuis l'unité jusqu'à 10,000 chevilles, et qu'on pourrait au besoin, à l'aide de fractions, pousser jusqu'à 100,000,000 chevilles.

La deuxième colonne donne les produits correspondant en solives, et la troisième les fractions décimales de solive.

1er EXEMPLE.

Dans la Table des superficies, la circonférence de 44 pouces, que nous continuons après avoir pris pour la réduction le cinquième, dont la superficie est de 77 pouces-chevilles 440 millièmes, multipliée par la longueur de l'arbre que nous supposons être de 25 pieds, il viendra au produit 1936 pouces-chevilles. Voyez la Table page xxiv, et prenez :

1° Pour	1000	=	2	sol.	314,814,813
2° Pour	900	=	2		083,333,333
3° Pour	30	=	»		069,444,444
4° Pour	6	=	»		013,888,889
	1936	=	4	sol.	481,481,481

2e EXEMPLE.

Soit un arbre de la circonférence de 64 pouces, réduit au sixième, échantillon de 13 pouces 3333, superficie de 177 pouces 7778, × par 28 pieds de longueur = 4977,7778.

Voyez la même Table, et prenez :

1°	Pour 4000	=	9	sol.	259,259,259
2°	— 900	=	2		083,333,333
3°	— 70	=	»		162,037,037
4°	— 7	=	»		016,203,704
5°	— 0,7	=	»		001,620,370
6°	— 0,07	=	»		000,162,037
7°	— 0,007	=	»		000,016,204
8°	— 0,0008	=	»		000,001,852
	4977,7778	=	11	sol.	522,633,796

Donc qu'un arbre de 64 pouces de circonférence et de 28 pieds de longueur, réduit au sixième déduit, produit 11 solives 5226, qu'on écrit 11,523.

Täble des Echantillons

D'APRÈS

LES CIRCONFÉRENCES CONTENUES DANS CET OUVRAGE.

CIRCONFÉRENCE.	ÉCHANTILLON POUR LE			
	CINQUIÈME.	SIXIÈME.	SEPTIÈME.	SANS DÉDUCT.
pouces.	pouces.	pouces.	pouces.	pouces.
12	2.40	2.50	2.57	3. »
14	2.80	2.9166	3. »	3.50
16	3.20	3.3333	3.4286	4. »
18	3.60	3.75	3.8571	4.50
20	4. »	4.1666	4.2857	5. »
22	4.40	4.5833	4.7140	5.50
24	4.80	5. »	5.1430	6. »
26	5.20	5.4166	5.5714	6.50
28	5.60	5.8333	6. »	7. »
30	6. »	6.25	6.4286	7.50
32	6.40	6.6666	6.8571	8. »
34	6.80	7.0833	7.2857	8.50
36	7.20	7.50	7.7143	9. »
38	7.60	7.9166	8.1428	9.50
40	8. »	8.3333	8.5714	10. »
42	8.40	8.75	9. »	10.50
44	8.80	9.1666	9.4286	11. »
46	9.20	9.5833	9.8570	11.50
48	9.60	10. »	10.2860	12. »
50	10. »	10.4166	10.7143	12.50
52	10.40	10.8333	11.1430	13. »
54	10.80	11.25	11.7510	13.50
56	11.20	11.66	12. »	14. »
58	11.60	12.0833	12.4286	14.50
60	12. »	12.50	12.8570	15. »
62	12.40	12.9166	13.2333	15.50
64	12.80	13.3333	13.7180	16. »
66	13.20	13.7500	14.1430	16.50
68	13.60	14.1666	14.5710	17. »
70	14. »	14.5833	15. »	17.50

Suite de la Table des Echantillons.

CIRCON-FÉRENCE.	ÉCHANTILLON POUR LE			
	CINQUIÈME.	SIXIÈME.	SEPTIEME.	SANS DÉDUCT.
pouces.	pouces.	pouces.	pouces.	pouces.
72	14.40	15. »	15.4286	18. »
74	14.80	15.4166	15.8570	18.50
76	15.20	15.8333	16.2857	19. »
78	15.60	16.25	16.714	19.50
80	16. »	16.6666	17.1428	20. »
82	16.40	17.0833	17.5714	20.50
84	16.80	17.50	18. »	21. »
86	17.20	17.9166	18.4285	21.50
88	17.60	18.3333	18.8333	22. »
90	18. »	18.75	19.2857	22.50
92	18.40	19.166	19.714	23. »
94	18.80	19.583	20.1429	23.50
96	19.20	20. »	20.5714	24. »
98	19.60	20.4166	21. »	24.50
100	20. »	20.8333	21.4286	25. »
102	20.40	21.2500	21.8333	25.50
104	20.80	21.6666	22.2857	26. »
106	21.20	22.0833	22.7143	26.50
108	21.60	22.50	23.1428	27. »
110	22. »	33.9166	23.5714	27.50
112	22.40	23.3333	24. »	28. »
114	22.80	24.75	24.4286	28.50
116	23.20	24.1666	24.857	29. »
118	23.60	24.5833	25.2857	29.50
120	24. »	25. »	25.7143	30. »
122	24.40	25.4166	26.143	30.50
124	24.80	25.8333	26.4286	31. »
126	25.20	26.25	27. »	31.50
128	25.60	26.6666	27.4286	32. »
130	26. »	27.0833	27.857	32.50
132	26.40	27.50	28.2857	33. »
134	26.80	27.9166	28.7143	33.50
136	27.20	28.3333	29.1428	34. »
138	27.60	28.75	29.5714	34.50

Suite de la Table des Echantillons.

CIRCONFÉRENCE.	ÉCHANTILLON POUR LE			
	CINQUIÈME.	SIXIEME.	SEPTIÈME.	SANS DÉDUCT.
pouces.	pouces.	pouces.	pouces.	pouces.
140	28. »	29.1666	30. »	35. »
142	28.40	29.5833	30.4286	35.50
144	28.80	30. »	30.857	36. »
146	29,20	30.4166	31.2853	36.50
148	29.60	30.8333	31.7128	37. »
150	30. »	31.25	32.1428	37.50
152	30.40	31.6666	32.5714	38. »
154	30.80	32.0833	33. »	38.50
156	31.20	32.50	33.4285	39. »
158	31.60	32.9166	33.8571	39.50
160	32. »	33.3333	34.2857	40. »
162	32.40	33.75	34.7143	40.50
164	32.80	34.1666	35.1428	41. »
166	33.20	34.5833	35.5714	41.50
168	33.60	35. »	36. »	42. »
170	34. »	35.4166	36.4285	42.50
172	34.40	35.8333	36.8570	43. »
174	34.80	36.25	37.2857	43.50
176	35.20	36.6666	37.7142	44. »
178	35.60	37.0833	38.1428	44.50
180	36. »	37.50	38.5714	45. »
182	36.40	37.9166	39. »	45.50
184	36.80	38.3333	39.4286	46. »
186	37.20	38.75	39.8571	46.50
188	37.60	39.1666	40.2857	47. »
190	38. »	39.5833	40.7140	47.50
192	38.40	40. »	41.1428	48. »

Table des Superficies

D'APRÈS

LES CIRCONFÉRENCES CONTENUES DANS CET OUVRAGE.

CIRCONFÉRENCE.	SUPERFICIE POUR LE			
	CINQUIÈME.	SIXIÈME.	SEPTIÈME.	SANS DÉDUCT.
pouces.	pouces.	pouces.	pouces.	pouces.
12	5.76	6.25	6.6049	9. »
14	7.80	8.5067	9. »	12.25
16	10.25	11.1111	11.7551	16. »
18	12.96	14.1625	14.8775	20.25
20	16. »	17.3608	18.3672	25. »
22	19.36	21.0070	22.2218	30.25
24	23.04	25. »	26.4504	36. »
26	27.04	29.3399	31.0405	42.25
28	31.36	34.0275	36. »	49. »
30	36. »	39.0625	41.3269	56.25
32	40.96	44.4444	47.0198	64. »
34	46.24	50.1736	53.0814	72.25
36	41.84	46.25	59.5104	81. »
38	57.76	62.6736	66.3052	90.25
40	64. »	69.4444	73.4689	100. »
42	70.56	76.5640	81. »	110.25
44	77.44	84.0270	88.90	121. »
46	84.64	91.8206	96.96	132.25
48	92.16	100. »	105.80	144. »
50	100. »	108.5063	114.70	156.25
52	110.25	117.3250	124.1700	169. »
54	116.64	126.562	133.8880	182.25
56	125.44	136.111	144. »	196. »
58	134.56	148.0065	154.4680	210.25
60	144. »	156.25	165.302	225. »
62	153.76	166.841	175.1157	238.25
64	163.84	177.7778	188.1835	256. »
66	174.24	189.0625	200.0244	272.25
68	184.96	200.6944	212.3040	289. »
70	196. »	212.6726	225. »	306.25

Suite de la Table des Superficies.

CIRCONFÉRENCE.	SUPERFICIE POUR LE CINQUIÈME.	SIXIÈME.	SEPTIÈME.	SANS DÉDUCT.
pouces.	pouces.	pouces.	pouces.	pouces.
72	207·36	255. »	248.0417	324. »
74	219.04	237.6703	251.4444	342.25
76	231.04	251.6944	265.224	361. »
78	243.36	264.0625	279.3578	380.25
80	256. »	277.7778	293.8760	400. »
82	268.96	291.8400	308.7541	420.25
84	282.24	306.35	324. »	441. »
86	295.84	321.0658	339.6124	461.25
88	309.76	336.1111	354.69	484. »
90	324. »	351.5625	371.9382	506.25
92	338.56	367.3380	388.6418	529. »
94	353.44	383.5069	405.7364	552.25
96	368.64	400. »	423.1825	576. »
98	384.16	416.8403	441. »	600.25
100	400. »	434. »	459.2020	625. »
102	416.16	451.5625	476.687	650.25
104	432.64	469.4444	466.652	676. »
106	449.44	487.6736	515.9394	702.25
108	466.56	506.25	535.59	729. »
110	484. »	525.1733	555.6109	756.25
112	501.76	544.4444	576. »	784. »
114	519.84	564.0625	596.756	812.25
116	538.24	584.0278	617.87	841. »
118	556.96	604.3386	639.3666	870.25
120	576. »	625. »	661.2252	900. »
122	595.36	645.9731	683.4560	930.25
124	615.04	667.3525	698.4709	961. »
126	635.04	689.0625	729. »	992.25
128	655.36	711.1111	752.3265	1024. »
130	676. »	733.506	776.0124	1056.25
132	696.96	756.25	800.808	1089. »
134	718.24	779.3403	824.5110	1122.25
136	739.84	802.741	849.3028	1156. »
138	761.76	826.5625	874.4695	1190.25

Suite de la Table des Superficies.

CIRCONFÉRENCE.	SUPERFICIE POUR LE			
	CINQUIÈME.	SIXIÈME.	SEPTIÈME.	SANS DÉDUCT.
pouces.	pouces.	pouces.	pouces.	pouces.
140	784. »	850.6806	900. »	1225. »
142	806.56	875.1716	925.8998	1260.25
144	829.44	900. »	952.1545	1296. »
146	852.64	925.1716	978.7950	1332.25
148	876.16	950.6944	1005.7955	1369. »
150	900. »	976.7777	1033.1596	1406.25
152	924.16	1002.5666	1060.8961	1444. »
154	948.64	1029.3402	1089. »	1482.25
156	973.44	1056.25	1117.4693	1521. »
158	998.56	1083.5069	1146.3032	1560.25
160	1024. »	1111.1111	1175.5092	1600. »
162	1049.76	1139.0625	1205.0826	1640.25
164	1075.84	1167.3674	1235.0164	1681. »
166	1102.24	1196.0069	1265.3245	1722.25
168	1128.96	1225. »	1296. »	1764. »
170	1156. »	1256.4403	1327.0356	1806.25
172	1183.36	1284.0078	1358.4484	1849. »
174	1211.04	1314.0625	1390.2234	1892.25
176	1239.04	1344.4444	1422.3609	1936. »
178	1267.36	1375.0622	1454.8732	1980.25
180	1296. »	1406.25	1487.7529	2025. »
182	1324.96	1436.9692	1525. »	2070.25
184	1354.24	1469.4444	1554.6066	2116. »
186	1383.84	1501.5625	1588.5884	2162.25
188	1413.76	1534.0278	1622.9376	2209. »
190	1444. »	1566.8408	1657.6298	2256.25
192	1474.55	1600. »	1692.7300	2384. »

Table

Pour réduire les pouces-chevilles en solives réduites.

POUCES.	PRODUIT.	POUCES-CHEVILLES.	PRODUIT.
	fractions.		solives. fractions
00001	000,000,231	1	002,314,815
2	463	2	4,629,630
3	694	3	6,944,444
4	926	4	9.259,259
5	000,001,157	5	011,574,074
6	1,389	6	13,888,889
7	1,620	7	16,203,704
8	1,852	8	18,518,519
00009	2,083	9	20,833,333
1	2,315	10	23,148,148
2	4,630	20	46,296,296
3	6,944	30	69,444,444
4	9,259	40	92,592,593
5	000,011,574	50	115,740,740
6	13,889	60	138,888,889
7	16,204	70	162,037,037
8	18,519	80	185,185,185
0009	20,833	90	208,333,333
1	23,148	100	231,481,481
2	46,296	200	462,962,963
3	69,444	300	694,444,444
4	92.593	400	925,925,926
5	000,115,741	500	1.157,407,407
6	138,889	600	1.388,888,889
7	162,037	700	1.620,370,370
8	185,185	800	1.851,851,852
009	208,333	900	2.083,333,333
1	231,181	1000	2.314,814,815
2	462,963	2000	4.629,629,630
3	694,444	3000	6.944,444,444
4	925,926	4000	9.259,259,259
5	001,157,407	5000	11.574,074,074
6	1,388,889	6000	13.888,888,889
7	1,620.370	7000	16.203,703,704
8	1,851,852	8000	18.518,518,519
09	002,083,333	9000	20.833,333,333

TABLE DES MATIÈRES.

CIRCONFÉRENCE DE 12 POUCES = A 1 PIED,

PRODUIT RÉDUIT AU GRAND CENT.

DÉDUCTION FAITE DU						SANS DÉDUCTION.	
CINQUIÈME.		SIXIÈME.		SEPTIÈME.			
LONG.	PRODUIT.	LONG.	PRODUIT.	LONG.	PRODUIT.	LONG.	PRODUIT.
pieds	solives.	pieds	solives.	pieds	solives.	pieds	solives.
1	0.013	1	0.014	1	0.015	1	0.021
2	0.027	2	0.029	2	0.031	2	0.042
3	0.040	3	0.043	3	0.046	3	0.063
4	0.053	4	0.058	4	0.061	4	0.083
5	0.067	5	0.072	5	0.077	5	0.104
6	0.080	6	0.087	6	0.092	6	0.125
7	0.093	7	0.101	7	0.107	7	0.146
8	0.107	8	0.116	8	0.122	8	0.167
9	0.120	9	0.130	9	0.138	9	0.188
10	0.133	10	0.145	10	0.153	10	0.208
11	0.147	11	0.159	11	0.168	11	0.229
12	0.160	12	0.174	12	0.184	12	0.250
13	0.173	13	0.188	13	0.199	13	0.271
14	0.187	14	0.203	14	0.214	14	0.292
15	0.200	15	0.217	15	0.230	15	0.313
16	0.213	16	0.231	16	0.245	16	0.333
17	0.227	17	0.246	17	0.260	17	0.354
18	0.240	18	0.260	18	0.276	18	0.375
19	0.253	19	0.275	19	0.291	19	0.396
20	0.267	20	0.289	20	0.306	20	0.417
21	0.280	21	0.304	21	0.322	21	0.438
22	0.293	22	0.318	22	0.337	22	0.458
23	0.307	23	0.333	23	0.352	23	0.479
24	0.310	24	0.347	24	0.367	24	0.500
25	0.333	25	0.362	25	0.383	25	0.521
26	0.347	26	0.376	26	0.398	26	0.542
27	0.360	27	0.391	27	0.413	27	0.563
28	0.373	28	0.405	28	0.429	28	0.583
29	0.387	29	0.420	29	0.444	29	0.604
30	0.400	30	0.434	30	0.459	30	0.625

CIRCONFÉRENCE DE 14 POUCES = A 1 P. 2 P.,

PRODUIT RÉDUIT AU GRAND CENT.

DÉDUCTION FAITE DU						SANS	
CINQUIÈME.		SIXIÈME.		SEPTIÈME.		DÉDUCTION.	
LONG.	PRODUIT.	LONG.	PRODUIT.	LONG.	PRODUIT.	LONG.	PRODUIT.
pieds	solives.	pieds	solives.	pieds	solives.	pieds	solives.
1	0.018	1	0.020	1	0.021	1	0.028
2	0.036	2	0.039	2	0.042	2	0.057
3	0.054	3	0.059	3	0.063	3	0.085
4	0.073	4	0.079	4	0.083	4	0.113
5	0.091	5	0.098	5	0.104	5	0.142
6	0.109	6	0.118	6	0.125	6	0.170
7	0.127	7	0.138	7	0.146	7	0.198
8	0.145	8	0.158	8	0.167	8	0.227
9	0.163	9	0.177	9	0.188	9	0.255
10	0.181	10	0.197	10	0.208	10	0.284
11	0.200	11	0.217	11	0.219	11	0.312
12	0.218	12	0.236	12	0.250	12	0.340
13	0.236	13	0.255	13	0.271	13	0.369
14	0.254	14	0.276	14	0.292	14	0.397
15	0.272	15	0.295	15	0.313	15	0.425
16	0.290	16	0.315	16	0.333	16	0.454
17	0.309	17	0.335	17	0.354	17	0.482
18	0.327	18	0.354	18	0.375	18	0.510
19	0.345	19	0.374	19	0.396	19	0.539
20	0.363	20	0.394	20	0.417	20	0.567
21	0.381	21	0.413	21	0.438	21	0.595
22	0.399	22	0.433	22	0.458	22	0.624
23	0.417	23	0.453	23	0.479	23	0.652
24	0.436	24	0.472	24	0.500	24	0.681
25	0.454	25	0.492	25	0.521	25	0.709
26	0.472	26	0.512	26	0.542	26	0.737
27	0.490	27	0.532	27	0.563	27	0.766
28	0.508	28	0.551	28	0.583	28	0.794
29	0.526	29	0.571	29	0.604	29	0.822
30	0.544	30	0.591	30	0.625	30	0.851

CIRCONFÉRENCE DE 16 POUCES = A 1 P. 4 P.,

PRODUIT RÉDUIT AU GRAND CENT.

DÉDUCTION FAITE DU						SANS DÉDUCTION.	
CINQUIÈME.		SIXIÈME.		SEPTIÈME.			
LONG.	PRODUIT.	LONG.	PRODUIT.	LONG.	PRODUIT.	LONG.	PRODUIT.
pieds	solives.	pieds	solives.	pieds	solives.	pieds	solives.
1	0.024	1	0.026	1	0.027	1	0.037
2	0.047	2	0.051	2	0.054	2	0.074
3	0.071	3	0.077	3	0.082	3	0.111
4	0.095	4	0.103	4	0.109	4	0.148
5	0.118	5	0.129	5	0.136	5	0.185
6	0.142	6	0.154	6	0.163	6	0.222
7	0.166	7	0.180	7	0.190	7	0.259
8	0.190	8	0.206	8	0.218	8	0.296
9	0.213	9	0.231	9	0.245	9	0.333
10	0.237	10	0.257	10	0.272	10	0.370
11	0.261	11	0.283	11	0.299	11	0.407
12	0.284	12	0.309	12	0.327	12	0.444
13	0.308	13	0.334	13	0.354	13	0.481
14	0.332	14	0.360	14	0.381	14	0.519
15	0.356	15	0.386	15	0.408	15	0.556
16	0.379	16	0.412	16	0.435	16	0.593
17	0.403	17	0.437	17	0.463	17	0.630
18	0.427	18	0.463	18	0.490	18	0.667
19	0.450	19	0.489	19	0.517	19	0.704
20	0.474	20	0.514	20	0.544	20	0.741
21	0.498	21	0.540	21	0.571	21	0.778
22	0.521	22	0.566	22	0.599	22	0.815
23	0.545	23	0.592	23	0.626	23	0.852
24	0.569	24	0.617	24	0.653	24	0.889
25	0.593	25	0.643	25	0.680	25	0.926
26	0.616	26	0.669	26	0.707	26	0.963
27	0.640	27	0.694	27	0.735	27	1.000
28	0.664	28	0.720	28	0.762	28	1.037
29	0.687	29	0.746	29	0.789	29	1.074
30	0.711	30	0.772	30	0.816	30	1.111

CIRCONFÉRENCE DE 18 POUCES = A 1 P. 6 P.,

PRODUIT RÉDUIT AU GRAND CENT.

DÉDUCTION FAITE DU						SANS DÉDUCTION.	
CINQUIÈME.		SIXIÈME.		SEPTIÈME.			
LONG.	PRODUIT.	LONG.	PRODUIT.	LONG.	PRODUIT.	LONG.	PRODUIT.
pieds	solives.	pieds	solives.	pieds	solives.	pieds	solives.
1	0.030	1	0.033	1	0.034	1	0.047
2	0.060	2	0.065	2	0.069	2	0.094
3	0.090	3	0.098	3	0.103	3	0.141
4	0.120	4	0.130	4	0.138	4	0.188
5	0.150	5	0.163	5	0.172	5	0.234
6	0.180	6	0.195	6	0.207	6	0.281
7	0.210	7	0.228	7	0.241	7	0.328
8	0.240	8	0.260	8	0.276	8	0.375
9	0.270	9	0.293	9	0.310	9	0.422
10	0.300	10	0.326	10	0.344	10	0.469
11	0.330	11	0.358	11	0.379	11	0.516
12	0.360	12	0.391	12	0.413	12	0.563
13	0.390	13	0.423	13	0.448	13	0.609
14	0.420	14	0.456	14	0.482	14	0.656
15	0.450	15	0.488	15	0.517	15	0.703
16	0.480	16	0.521	16	0.551	16	0.750
17	0.510	17	0.553	17	0.585	17	0.797
18	0.540	18	0.586	18	0.620	18	0.844
19	0.570	19	0.618	19	0.654	19	0.891
20	0.600	20	0.651	20	0.689	20	0.938
21	0.630	21	0,684	21	0.723	21	0.984
22	0.660	22	0.716	22	0.758	22	1.031
23	0.690	23	0.749	23	0.792	23	1.078
24	0.720	24	0.781	24	0.827	24	1.125
25	0.750	25	0,814	25	0.861	25	1.162
26	0.780	26	0,846	26	0.895	26	1.219
27	0.810	27	0,879	27	0.930	27	1.266
28	0.840	28	0.911	28	0.964	28	1.313
29	0.870	29	0,944	29	0.999	29	1.359
30	0.900	30	0.977	30	1.033	30	1.406

CIRCONFÉRENCE DE 20 POUCES = A 1 P. 8 P.,

PRODUIT RÉDUIT AU GRAND CENT.

DÉDUCTION FAITE DU						SANS DÉDUCTION.	
CINQUIÈME.		SIXIÈME.		SEPTIÈME.			
LONG.	PRODUIT.	LONG.	PRODUIT.	LONG.	PRODUIT.	LONG.	PRODUIT.
pieds	solives.	pieds	solives.	pieds	solives.	pieds	solives.
1	0.037	1	0.040	1	0.043	1	0.058
2	0.074	2	0.080	2	0.085	2	0.116
3	0.111	3	0.121	3	0.128	3	0.174
4	0.148	4	0.161	4	0.170	4	0.232
5	0.185	5	0.201	5	0.213	5	0.289
6	0.222	6	0.241	6	0.255	6	0.347
7	0.259	7	0.281	7	0.298	7	0.405
8	0.296	8	0.322	8	0.340	8	0.463
9	0.333	9	0.362	9	0.383	9	0.521
10	0.370	10	0.402	10	0.425	10	0.579
11	0.407	11	0.442	11	0.468	11	0.637
12	0.444	12	0.482	12	0.510	12	0.695
13	0.481	13	0.522	13	0.553	13	0.753
14	0.519	14	0.563	14	0.595	14	0.810
15	0.556	15	0.603	15	0.638	15	0.868
16	0.593	16	0.643	16	0.680	16	0.926
17	0.630	17	0.683	17	0.723	17	0.984
18	0.667	18	0.723	18	0.765	18	1.042
19	0.704	19	0.764	19	0.808	19	1.100
20	0.741	20	0.804	20	0.850	20	1.158
21	0.778	21	0.844	21	0.893	21	1.216
22	0.815	22	0.884	22	0.935	22	1.274
23	0.852	23	0.924	23	0.978	23	1.331
24	0.889	24	0.964	24	1.020	24	1.389
25	0.926	25	1.005	25	1.063	25	1.447
26	0.963	26	1.045	26	1.105	26	1.505
27	1.000	27	1.085	27	1.148	27	1.563
28	1.037	28	1.125	28	1.190	28	1.621
29	1.074	29	1.165	29	1.233	29	1.679
30	1.111	30	1.206	30	1.275	30	1.737

CIRCONFÉRENCE DE 22 POUCES = A 1 P. 10 P.,

PRODUIT RÉDUIT AU GRAND CENT.

DÉDUCTION FAITE DU						SANS DÉDUCTION.	
CINQUIÈME.		SIXIÈME.		SEPTIÈME.			
LONG.	PRODUIT.	LONG.	PRODUIT.	LONG.	PRODUIT.	LONG.	PRODUIT.
pieds	solives.	pieds	solives.	pieds	solives.	pieds	solives.
1	0.045	1	0.049	1	0.051	1	0.070
2	0.090	2	0.097	2	0.103	2	0.140
3	0.134	3	0.146	3	0.154	3	0.210
4	0.179	4	0.194	4	0.206	4	0.280
5	0.224	5	0.243	5	0.257	5	0.350
6	0.269	6	0.292	6	0.309	6	0.420
7	0.314	7	0.340	7	0.360	7	0.490
8	0.359	8	0.389	8	0.411	8	0.560
9	0.403	9	0.438	9	0.463	9	0.630
10	0.448	10	0.486	10	0.514	10	0.700
11	0.493	11	0.535	11	0.566	11	0.770
12	0.538	12	0.583	12	0.617	12	0.840
13	0.583	13	0.632	13	0.669	13	0.910
14	0.627	14	0.681	14	0.720	14	0.980
15	0.672	15	0.729	15	0.772	15	1.050
16	0.717	16	0.778	16	0.823	16	1.120
17	0.762	17	0.826	17	0.874	17	1.190
18	0.807	18	0.875	18	0.926	18	1.260
19	0.851	19	0.924	19	0.977	19	1.330
20	0.896	20	0.972	20	1.029	20	1.400
21	0.941	21	1.021	21	1.080	21	1.470
22	0.986	22	1.070	22	1.132	22	1.541
23	1.031	23	1.118	23	1.183	23	1.611
24	1.076	24	1.167	24	1.235	24	1.681
25	1.120	25	1.215	25	1.286	25	1.751
26	1.165	26	1.264	26	1.337	26	1.821
27	1.210	27	1.313	27	1.389	27	1.891
28	1.255	28	1.361	28	1.440	28	1.961
29	1.300	29	1.410	29	1.492	29	2.031
30	1.344	30	1.458	30	1.543	30	2.101

CIRCONFÉRENCE DE 24 POUCES = A 2 PIEDS,

PRODUIT RÉDUIT AU GRAND CENT.

DÉDUCTION FAITE DU						SANS DÉDUCTION.	
CINQUIÈME.		SIXIÈME.		SEPTIÈME.			
LONG.	PRODUIT.	LONG.	PRODUIT.	LONG.	PRODUIT.	LONG.	PRODUIT.
pieds	solives.	pieds	solives.	pieds	solives.	pieds	solives.
1	0.053	1	0.058	1	0.061	1	0.083
2	0.107	2	0.116	2	0.122	2	0.167
3	0.160	3	0.174	3	0.184	3	0.250
4	0.213	4	0.231	4	0.245	4	0.333
5	0.267	5	0.289	5	0.306	5	0.417
6	0.320	6	0.347	6	0.367	6	0.500
7	0.373	7	0.405	7	0.429	7	0.583
8	0.427	8	0.463	8	0.490	8	0.667
9	0.480	9	0.521	9	0.551	9	0.750
10	0.533	10	0.579	10	0.612	10	0.833
11	0.587	11	0.637	11	0.674	11	0.917
12	0.640	12	0.694	12	0.735	12	1.000
13	0.693	13	0.752	13	0.796	13	1.083
14	0.747	14	0.810	14	0.857	14	1.167
15	0.800	15	0.868	15	0.918	15	1.250
16	0.853	16	0.926	16	0.980	16	1.333
17	0.907	17	0.984	17	1.041	17	1.417
18	0.960	18	1.042	18	1.102	18	1.500
19	1.013	19	1.100	19	1.163	19	1.583
20	1.067	20	1.157	20	1.225	20	1.667
21	1.120	21	1.215	21	1.286	21	1.750
22	1.173	22	1.273	22	1.347	22	1.833
23	1.227	23	1.331	23	1.408	23	1.917
24	1.280	24	1.389	24	1.469	24	2.000
25	1.333	25	1.447	25	1.531	25	2.083
26	1.387	26	1.505	26	1.592	26	2.167
27	1.440	27	1.563	27	1.653	27	2.250
28	1.493	28	1.620	28	1.714	28	2.333
29	1.547	29	1.678	29	1.776	29	2.417
30	1.600	30	1.736	30	1.837	30	2.500

CIRCONFÉRENCE DE 26 POUCES = A 2 P. 2 P.,

PRODUIT RÉDUIT AU GRAND CENT.

DÉDUCTION FAITE DU						SANS DÉDUCTION.	
CINQUIÈME.		SIXIÈME.		SEPTIÈME.			
LONG.	PRODUIT.	LONG.	PRODUIT.	LONG.	PRODUIT.	LONG.	PRODUIT.
pieds	solives.	pieds	solives.	pieds	solives.	pieds	solives.
1	0.063	1	0.068	1	0.072	1	0.098
2	0.125	2	0.136	2	0.144	2	0.196
3	0.188	3	0.204	3	0.216	3	0.293
4	0.250	4	0.272	4	0.287	4	0.391
5	0.313	5	0.340	5	0.359	5	0.489
6	0.376	6	0.407	6	0.431	6	0.587
7	0.438	7	0.475	7	0.503	7	0.685
8	0.501	8	0.543	8	0.575	8	0.782
9	0.563	9	0.611	9	0.647	9	0.880
10	0.626	10	0.679	10	0.719	10	0.978
11	0.689	11	0.747	11	0.790	11	1.076
12	0.751	12	0.815	12	0.862	12	1.174
13	0.814	13	0.883	13	0.934	13	1.271
14	0.876	14	0.951	14	1.006	14	1.369
15	0.939	15	1.019	15	1.078	15	1.467
16	1.001	16	1.087	16	1.150	16	1.565
17	1.064	17	1.155	17	1.222	17	1.663
18	1.127	18	1.222	18	1.293	18	1.760
19	1.189	19	1.290	19	1.365	19	1.858
20	1.252	20	1.358	20	1.437	20	1.956
21	1.314	21	1.426	21	1.509	21	2.054
22	1.377	22	1.494	22	1.581	22	2.152
23	1.440	23	1.562	23	1.653	23	2.249
24	1.502	24	1.630	24	1.724	24	2.347
25	1.565	25	1.698	25	1.796	25	2.444
26	1.627	26	1.766	26	1.868	26	2.542
27	1.690	27	1.834	27	1.940	27	2.639
28	1.753	28	1.902	28	2.012	28	2.738
29	1.815	29	1.970	29	2.084	29	2.836
30	1.878	30	2.037	30	2.156	30	2.934

CIRCONFÉRENCE DE 28 POUCES = A 2 P. 4 P.,

PRODUIT RÉDUIT AU GRAND CENT.

DÉDUCTION FAITE DU						SANS DÉDUCTION.	
CINQUIÈME.		SIXIÈME.		SEPTIÈME.			
LONG.	PRODUIT.	LONG.	PRODUIT.	LONG.	PRODUIT.	LONG.	PRODUIT.
pieds	solives.	pieds	solives.	pieds	solives.	pieds	solives.
1	0.073	1	0.079	1	0.083	1	0.113
2	0.145	2	0.158	2	0.167	2	0.227
3	0.218	3	0.236	3	0.250	3	0.340
4	0.290	4	0.315	4	0.333	4	0.454
5	0.363	5	0.394	5	0.417	5	0.567
6	0.436	6	0.473	6	0.500	6	0.681
7	0.508	7	0.551	7	0.583	7	0.794
8	0.581	8	0.630	8	0.667	8	0.907
9	0.653	9	0.709	9	0.750	9	1.021
10	0.726	10	0.788	10	0.833	10	1.134
11	0.799	11	0.866	11	0.917	11	1.248
12	0.871	12	0.945	12	1.000	12	1.361
13	0.944	13	1.024	13	1.083	13	1.475
14	1.016	14	1.103	14	1.167	14	1.588
15	1.089	15	1.182	15	1.250	15	1.701
16	1.161	16	1.260	16	1.333	16	1.815
17	1.234	17	1.339	17	1.417	17	1.928
18	1.307	18	1.418	18	1.500	18	2.042
19	1.379	19	1.497	19	1.583	19	2.155
20	1.452	20	1.575	20	1.667	20	2.269
21	1.524	21	1.654	21	1.750	21	2.382
22	1.597	22	1.733	22	1.833	22	2.495
23	1.670	23	1.812	23	1.917	23	2.609
24	1.742	24	1.890	24	2.000	24	2.722
25	1.815	25	1.969	25	2.083	25	2.836
26	1.887	26	2.048	26	2.167	26	2.949
27	1.960	27	2.127	27	2.250	27	3.063
28	2.033	28	2.205	28	2.333	28	3.176
29	2.105	29	2.284	29	2.417	29	3.289
30	2.178	30	2.363	30	2.500	30	3.403

CIRCONFÉRENCE DE 30 POUCES = A 2 P. 6 P.,

PRODUIT RÉDUIT AU GRAND CENT.

DÉDUCTION FAITE DU						SANS DÉDUCTION.	
CINQUIÈME.		SIXIÈME.		SEPTIÈME.			
LONG.	PRODUIT.	LONG.	PRODUIT.	LONG.	PRODUIT.	LONG.	PRODUIT.
pieds	solives.	pieds	solives.	pieds	solives.	pieds	solives.
1	0.083	1	0.090	1	0.096	1	0.130
2	0.167	2	0.181	2	0.191	2	0.260
3	0.250	3	0.271	3	0.287	3	0.391
4	0.333	4	0.362	4	0.383	4	0.521
5	0.417	5	0.452	5	0.478	5	0.651
6	0.500	6	0.543	6	0.574	6	0.781
7	0.583	7	0.633	7	0.670	7	0.911
8	0.667	8	0.723	8	0.765	8	1.042
9	0.750	9	0.814	9	0.861	9	1.172
10	0.833	10	0.904	10	0.957	10	1.302
11	0.917	11	0.995	11	1.052	11	1.432
12	1.000	12	1.085	12	1.148	12	1.562
13	1.083	13	1.175	13	1.244	13	1.693
14	1.167	14	1.266	14	1.339	14	1.823
15	1.250	15	1.356	15	1.435	15	1.953
16	1.333	16	1.447	16	1.531	16	2.083
17	1.417	17	1.537	17	1.626	17	2.214
18	1.500	18	1.628	18	1.722	18	2.344
19	1.583	19	1.718	19	1.818	19	2.475
20	1.667	20	1.808	20	1.913	20	2.604
21	1.750	21	1.899	21	2.009	21	2.734
22	1.833	22	1.989	22	2.105	22	2.865
23	1.917	23	2.080	23	2.200	23	2.995
24	2.000	24	2.170	24	2.296	24	3.125
25	2.083	25	2.261	25	2.392	25	3.255
26	2.167	26	2.351	26	2.487	26	3.385
27	2.250	27	2.441	27	2.583	27	3.516
28	2.333	28	2.532	28	2.679	28	3.646
29	2.417	29	2.622	29	2.774	29	3.776
30	2.500	30	2.713	30	2.870	30	3.906

CIRCONFÉRENCE DE 32 POUCES = A 2 P. 8 P.,

PRODUIT RÉDUIT AU GRAND CENT.

DÉDUCTION FAITE DU						SANS DÉDUCTION.	
CINQUIÈME.		SIXIÈME.		SEPTIÈME.			
LONG.	PRODUIT.	LONG.	PRODUIT.	LONG.	PRODUIT.	LONG.	PRODUIT.
pieds	solives.	pieds	solives.	pieds	solives.	pieds	solives.
1	0.095	1	0.103	1	0.109	1	0.148
2	0.190	2	0.206	2	0.218	2	0.296
3	0.284	3	0.309	3	0.327	3	0.444
4	0.379	4	0.412	4	0.435	4	0.593
5	0.474	5	0.514	5	0.544	5	0.741
6	0.569	6	0.617	6	0.653	6	0.889
7	0.664	7	0.720	7	0.762	7	1.037
8	0.759	8	0.823	8	0.871	8	1.185
9	0.853	9	0.926	9	0.980	9	1.333
10	0.948	10	1.029	10	1.088	10	1.481
11	1.043	11	1.132	11	1.197	11	1.630
12	1.138	12	1.235	12	1.306	12	1.778
13	1.233	13	1.337	13	1.415	13	1.930
14	1.327	14	1.440	14	1.524	14	2.074
15	1.422	15	1.543	15	1.633	15	2.222
16	1.517	16	1.646	16	1.741	16	2.370
17	1.612	17	1.749	17	1.850	17	2.519
18	1.707	18	1.852	18	1.959	18	2.667
19	1.801	19	1.955	19	2.068	19	2.815
20	1.896	20	2.058	20	2.177	20	2.963
21	1.991	21	2.160	21	2.286	21	3.111
22	2.086	22	2.263	22	2.395	22	3.259
23	2.181	23	2.366	23	2.503	23	3.407
24	2.276	24	2.469	24	2.612	24	3.556
25	2.370	25	2.572	25	2.721	25	3.704
26	2.465	26	2.675	26	2.830	26	3.852
27	2.560	27	2.777	27	2.939	27	4.000
28	2.655	28	2.880	28	3.048	28	4.148
29	2.750	29	2.983	29	3.156	29	4.296
30	2.844	30	3.085	30	3.265	30	4.444

CIRCONFÉRENCE DE 34 POUCES = A 2 P. 10 P.,

PRODUIT RÉDUIT AU GRAND CENT.

DÉDUCTION FAITE DU						SANS DÉDUCTION.	
CINQUIÈME.		SIXIÈME.		SEPTIÈME.			
LONG.	PRODUIT.	LONG.	PRODUIT.	LONG.	PRODUIT.	LONG.	PRODUIT.
pieds	solives.	pieds	solives.	pieds	solives.	pieds	solives.
1	0.107	1	0.116	1	0.123	1	0.167
2	0.214	2	0.232	2	0.246	2	0.334
3	0.321	3	0.348	3	0.369	3	0.512
4	0.428	4	0.465	4	0.491	4	0.669
5	0.535	5	0.581	5	0.614	5	0.836
6	0.642	6	0.697	6	0.737	6	1.003
7	0.749	7	0.813	7	0.860	7	1.171
8	0.856	8	0.929	8	0.983	8	1.338
9	0.963	9	1.045	9	1.106	9	1.505
10	1.070	10	1.161	10	1.229	10	1.672
11	1.177	11	1.278	11	1.352	11	1.840
12	1.284	12	1.394	12	1.474	12	2.007
13	1.391	13	1.510	13	1.597	13	2.174
14	1.499	14	1.626	14	1.720	14	2.341
15	1.606	15	1.742	15	1.843	15	2.509
16	1.713	16	1.858	16	1.966	16	2.676
17	1.820	17	1.974	17	2.089	17	2.843
18	1.927	18	2.091	18	2.212	18	3.010
19	2.034	19	2.207	19	2.335	19	3.178
20	2.141	20	2.323	20	2.457	20	3.345
21	2.248	21	2.439	21	2.580	21	3.512
22	2.355	22	2.555	22	2.703	22	3.679
23	2.462	23	2.671	23	2.826	23	3.847
24	2.569	24	2.787	24	2.949	24	4.014
25	2.676	25	2.904	25	3.072	25	4.181
26	2.783	26	3.020	26	3.195	26	4.348
27	2.890	27	3.136	27	3.318	27	4.516
28	3.998	28	3.252	28	3.440	28	4.683
29	3.104	29	3.368	29	3.563	29	4.850
30	3.211	30	3.484	30	3.686	30	5.017

CIRCONFÉRENCE DE 36 POUCES = A 3 PIEDS,

PRODUIT RÉDUIT AU GRAND CENT.

DÉDUCTION FAITE DU						SANS DÉDUCTION.	
CINQUIÈME.		SIXIÈME.		SEPTIÈME.			
LONG.	PRODUIT.	LONG.	PRODUIT.	LONG.	PRODUIT.	LONG.	PRODUIT.
pieds	solives.	pieds	solives.	pieds	solives.	pieds	solives.
1	0.120	1	0.130	1	0.138	1	0.188
2	0.240	2	0.260	2	0.276	2	0.375
3	0.360	3	0.391	3	0.413	3	0.563
4	0.480	4	0.521	4	0.551	4	0.750
5	0.600	5	0.651	5	0.689	5	0.938
6	0.720	6	0.781	6	0.727	6	1.125
7	0.840	7	0.911	7	0.864	7	1.313
8	0.960	8	1.042	8	1.002	8	1.500
9	1.080	9	1.172	9	1.140	9	1.688
10	1.200	10	1.302	10	1.378	10	1.875
11	1.320	11	1.432	11	1.515	11	2.063
12	1.440	12	1.562	12	1.653	12	2.250
13	1.560	13	1.693	13	1.791	13	2.438
14	1.680	14	1.823	14	1.929	14	2.625
15	1.800	15	1.953	15	2.066	15	2.813
16	1.920	16	2.083	16	2.204	16	3.000
17	2.040	17	2.214	17	2.342	17	3.188
18	2.160	18	2.344	18	2.480	18	3.375
19	2.280	19	2.474	19	2.617	19	3.563
20	2.400	20	2.604	20	2.755	20	3.750
21	2.520	21	2.734	21	2.893	21	3.938
22	2.640	22	2.865	22	3.031	22	4.125
23	2.760	23	2.995	23	3.168	23	4.313
24	2.880	24	3.125	24	3.306	24	4.500
25	3.000	25	3.255	25	3.444	25	4.688
26	3.120	26	3.385	26	3.582	26	4.875
27	3.240	27	3.516	27	3.719	27	5.063
28	3.360	28	3.646	28	3.857	28	5.250
29	3.480	29	3.776	29	3.995	29	5.438
30	3.600	30	3.906	30	4.133	30	5.625

CIRCONFÉRENCE DE 38 POUCES = A 3 P. 2 P.,

PRODUIT RÉDUIT AU GRAND CENT.

DÉDUCTION FAITE DU						SANS DÉDUCTION.	
CINQUIÈME.		SIXIÈME.		SEPTIÈME.			
LONG.	PRODUIT.	LONG.	PRODUIT.	LONG.	PRODUIT.	LONG.	PRODUIT.
pieds	solives.	pieds	solives.	pieds	solives.	pieds	solives.
1	0.134	1	0.145	1	0.153	1	0.209
2	0.267	2	0.290	2	0.307	2	0.418
3	0.401	3	0.435	3	0.460	3	0.627
4	0.535	4	0.580	4	0.614	4	0.836
5	0.669	5	0.725	5	0.767	5	1.045
6	0.802	6	0.870	6	0.921	6	1.253
7	0.936	7	1.016	7	1.074	7	1.462
8	1.070	8	1.161	8	1.228	8	1.671
9	1.203	9	1.306	9	1.381	9	1.880
10	1.337	10	1.451	10	1.535	10	2.089
11	1.471	11	1.596	11	1.688	11	2.298
12	1.604	12	1.741	12	1.842	12	2.507
13	1.738	13	1.886	13	1.995	13	2.716
14	1.872	14	2.031	14	2.149	14	2.925
15	2.006	15	2.176	15	2.302	15	3.134
16	2.139	16	2.321	16	2.456	16	3.343
17	2.273	17	2.466	17	2.609	17	3.552
18	2.407	18	2.611	18	2.763	18	3.760
19	2.540	19	2.756	19	2.916	19	3.969
20	2.674	20	2.902	20	3.070	20	4.178
21	2.808	21	3.047	21	3.223	21	4.387
22	2.941	22	3.192	22	3.377	22	4.596
23	3.075	23	3.337	23	3.530	23	4.805
24	3.209	24	3.482	24	3.684	24	5.014
25	3.343	25	3.627	25	3.837	25	5.223
26	3.476	26	3.772	26	3.991	26	5.432
27	3.610	27	3.917	27	4.144	27	5.641
28	3.744	28	4.062	28	4.298	28	5.850
29	3.877	29	4.207	29	4.451	29	6.058
30	4.011	30	4.352	30	4.605	30	6.267

CIRCONFÉRENCE DE 40 POUCES = A 3 P. 4 P.,

PRODUIT RÉDUIT AU GRAND CENT.

DÉDUCTION FAITE DU						SANS DÉDUCTION.	
CINQUIÈME.		SIXIÈME.		SEPTIÈME.			
LONG.	PRODUIT.	LONG.	PRODUIT.	LONG.	PRODUIT.	LONG.	PRODUIT.
pieds	solives.	pieds	solives.	pieds	solives.	pieds	solives.
1	0.148	1	0.161	1	0.170	1	0.231
2	0.296	2	0.321	2	0.340	2	0.463
3	0.444	3	0.482	3	0.510	3	0.694
4	0.593	4	0.643	4	0.680	4	0.926
5	0.741	5	0.804	5	0.850	5	1.157
6	0.889	6	0.964	6	1.020	6	1.389
7	1.037	7	1.125	7	1.190	7	1.620
8	1.185	8	1.286	8	1.361	8	1.852
9	1.333	9	1.447	9	1.531	9	2.083
10	1.481	10	1.607	10	1.701	10	2.315
11	1.630	11	1.768	11	1.871	11	2.546
12	1.778	12	1.929	12	2.041	12	2.778
13	1.930	13	2.090	13	2.211	13	3.009
14	2.074	14	2.250	14	2.381	14	3.241
15	2.222	15	2.411	15	2.551	15	3.472
16	2.370	16	2.572	16	2.721	16	3.704
17	2.519	17	2.733	17	2.891	17	3.935
18	2.667	18	2.893	18	3.061	18	4.167
19	2.815	19	3.054	19	3.231	19	4.398
20	2.963	20	3.215	20	3.401	20	4.630
21	3.111	21	3.376	21	3.571	21	4.861
22	3.259	22	3.536	22	3.741	22	5.093
23	3.407	23	3.697	23	3.912	23	5.324
24	3.556	24	3.858	24	4.082	24	5.556
25	3.704	25	4.019	25	4.252	25	5.787
26	3.852	26	4.179	26	4.442	26	6.019
27	4.040	27	4.340	27	4.612	27	6.250
28	4.148	28	4.501	28	4.782	28	6.481
29	4.296	29	4.662	29	4.952	29	6.713
30	4.444	30	4.822	30	5.122	30	6.944

CIRCONFÉRENCE DE 42 POUCES = À 3 P. 6 P.,

PRODUIT RÉDUIT AU GRAND CENT.

DÉDUCTION FAITE DU						SANS	
CINQUIÈME.		SIXIÈME.		SEPTIÈME.		DÉDUCTION.	
LONG.	PRODUIT.	LONG.	PRODUIT.	LONG.	PRODUIT.	LONG.	PRODUIT.
pieds	solives.	pieds	solives.	pieds	solives.	pieds	solives.
1	0.163	1	0.172	1	0.188	1	0.255
2	0.327	2	0.344	2	0.375	2	0.510
3	0.490	3	0.516	3	0.563	3	0.766
4	0.653	4	0.688	4	0.750	4	1.021
5	0.817	5	0.860	5	0.938	5	1.276
6	0.980	6	1.031	6	1.125	6	1.531
7	1.143	7	1.203	7	1.313	7	1.786
8	1.307	8	1.375	8	1.500	8	2.042
9	1.460	9	1.547	9	1.688	9	2.297
10	1.633	10	1.719	10	1.875	10	2.552
11	1.797	11	1.891	11	2.063	11	2.807
12	1.960	12	2.063	12	2.250	12	3.062
13	2.123	13	2.235	13	2.438	13	3.318
14	2.287	14	2.407	14	2.625	14	3.573
15	2.450	15	2.579.	15	2.813	15	3.828
16	2.613	16	2.750	16	3.000	16	4.083
17	2.777	17	2.922	17	3.188	17	4.339
18	3.940	18	3.094	18	3.375	18	4.594
19	3.103	19	3.266	19	3.563	19	4.849
20	3.267	20	3.438	20	3.750	20	5.104
21	3.430	21	3.610	21	3.938	21	5.359
22	3.593	22	3.782	22	4.125	22	5.615
23	3.757	23	3.954	23	4.313	23	5.870
24	3.920	24	4.126	24	4.500	24	6.125
25	4.083	25	4.298	25	4.688	25	6.380
26	4.247	26	4.470	26	4.875	26	6.635
27	4.410	27	4.641	27	5.063	27	6.891
28	4.573	28	4.813	28	5.250	28	7.146
29	4.737	29	4.985	29	5.438	29	7.401
30	4.900	30	5.157	30	5.625	30	7.656

CIRCONFÉRENCE DE 44 POUCES = À 3 P. 8 P.,

PRODUIT RÉDUIT AU GRAND CENT.

DÉDUCTION FAITE DU						SANS DÉDUCTION.	
CINQUIÈME.		SIXIÈME.		SEPTIÈME.			
LONG.	PRODUIT.	LONG.	PRODUIT.	LONG.	PRODUIT.	LONG.	PRODUIT.
pieds	solives.	pieds	solives.	pieds	solives.	pieds	solives.
1	0.179	1	0.195	1	0.206	1	0.280
2	0.359	2	0.389	2	0.412	2	0.560
3	0.538	3	0.584	3	0.617	3	0.840
4	0.717	4	0.778	4	0.823	4	1.120
5	0.896	5	0.973	5	1.029	5	1.400
6	1.076	6	1.167	6	1.235	6	1.681
7	1.255	7	1.362	7	1.441	7	1.961
8	1.434	8	1.556	8	1.646	8	2.241
9	1.613	9	1.750	9	1.852	9	2.521
10	1.793	10	1.945	10	2.058	10	2.801
11	1.972	11	2.140	11	2.264	11	3.081
12	2.151	12	2.334	12	2.469	12	3.361
13	2.330	13	2.529	13	2.675	13	3.641
14	2.510	14	2.723	14	2.881	14	3.921
15	2.689	15	2.918	15	3.087	15	4.201
16	2.868	16	3.112	16	3.293	16	4.481
17	3.047	17	3.307	17	3.498	17	4.762
18	3.227	18	3.501	18	3.704	18	5.042
19	3.406	19	3.696	19	3.910	19	5.322
20	3.585	20	3.890	20	4.116	20	5.602
21	3.764	21	4.085	21	4.322	21	5.882
22	3.944	22	4.279	22	4.527	22	6.162
23	4.123	23	4.474	23	4.733	23	6.442
24	4.302	24	4.668	24	4.939	24	6.722
25	4.481	25	4.863	25	5.145	25	7.002
26	4.661	26	5.057	26	5.350	26	7.282
27	4.840	27	5.252	27	5.556	27	7.562
28	5.019	28	5.446	28	5.762	28	7.843
29	5.199	29	5.641	29	5.968	29	8.123
30	5.378	30	5.835	30	6.174	30	8.403

CIRCONFÉRENCE DE 46 POUCES = A 3 P. 10 P.,

PRODUIT RÉDUIT AU GRAND CENT.

DÉDUCTION FAITE DU						SANS DÉDUCTION.	
CINQUIÈME.		SIXIÈME.		SEPTIÈME.			
LONG.	PRODUIT.	LONG.	PRODUIT.	LONG.	PRODUIT.	LONG.	PRODUIT.
pieds	solives.	pieds	solives.	pieds	solives.	pieds	solives.
1	0.196	1	0.212	1	0.224	1	0.306
2	0.392	2	0.424	2	0.449	2	0.612
3	0.588	3	0.636	3	0.673	3	0.918
4	0.784	4	0.849	4	0.898	4	1.225
5	0.980	5	1.061	5	1.122	5	1.531
6	1.176	6	1.273	6	1.347	6	1.837
7	1.371	7	1.485	7	1.571	7	2.143
8	1.567	8	1.697	8	1.796	8	2.449
9	1.763	9	1.909	9	2.020	9	2.755
10	1.959	10	2.121	10	2.244	10	3.061
11	2.155	11	2.334	11	2.469	11	3.367
12	2.351	12	2.546	12	2.693	12	3.674
13	2.547	13	2.758	13	2.918	13	3.980
14	2.743	14	2.970	14	3.142	14	4.286
15	2.939	15	3.182	15	3.367	15	4.592
16	3.135	16	3.394	16	3.591	16	4.898
17	3.331	17	3.606	17	3.816	17	5.204
18	3.527	18	3.819	18	4.040	18	5.510
19	3.723	19	4.031	19	4.264	19	5.817
20	3.919	20	4.243	20	4.489	20	6.123
21	4.114	21	4.455	21	4.713	21	6.429
22	4.310	22	4.667	22	4.938	22	6.735
23	4.506	23	4.879	23	5.162	23	7.041
24	4.702	24	5.092	24	5.387	24	7.347
25	4.898	25	5.304	25	5.611	25	7.653
26	5.094	26	5.516	26	5.836	26	7.959
27	5.290	27	5.728	27	6.060	27	8.266
28	5.486	28	5.940	28	6.284	28	8.572
29	5.682	29	6.152	29	7.509	29	8.878
30	5.878	30	6.364	30	7.733	30	9.184

CIRCONFÉRENCE DE 48 POUCES = A 4 PIEDS,

PRODUIT RÉDUIT AU GRAND CENT.

DÉDUCTION FAITE DU						SANS DÉDUCTION.	
CINQUIÈME.		SIXIÈME.		SEPTIÈME.			
LONG.	PRODUIT.	LONG.	PRODUIT.	LONG.	PRODUIT.	LONG.	PRODUIT.
pieds	solives.	pieds	solives.	pieds	solives.	pieds	solives.
1	0.213	1	0.231	1	0.245	1	0.333
2	0.427	2	0.463	2	0.490	2	0.667
3	0.640	3	0.694	3	0.735	3	1.000
4	0.853	4	0.926	4	0.980	4	1.333
5	1.067	5	1.157	5	1.224	5	1.667
6	1.280	6	1.389	6	1.469	6	2.000
7	1.493	7	1.620	7	1.714	7	2.333
8	1.707	8	1.852	8	1.959	8	2.667
9	1.920	9	2.083	9	2.204	9	3.000
10	2.133	10	2.315	10	2.449	10	3.333
11	2.347	11	2.546	11	2.794	11	3.667
12	2.560	12	2.778	12	3.039	12	4.000
13	2.773	13	3.009	13	3.284	13	4.333
14	2.987	14	3.241	14	3.428	14	4.667
15	3.200	15	3.472	15	3.673	15	5.000
16	3.413	16	3.704	16	3.918	16	5.333
17	3.627	17	3.935	17	4.167	17	5.667
18	3.840	18	4.167	18	4.408	18	6.000
19	4.053	19	4.398	19	4.653	19	6.333
20	4.267	20	4.630	20	4.898	20	6.667
21	4.480	21	4.861	21	5.143	21	7.000
22	4.693	22	5.093	22	5.388	22	7.333
23	4.907	23	5.324	23	5.632	23	7.667
24	5.110	24	5.556	24	5.877	24	8.000
25	5.333	25	5.787	25	6.122	25	8.333
26	5.547	26	6.019	26	6.367	26	8.667
27	5.760	27	6.250	27	6.612	27	9.000
28	5.973	28	6.481	28	6.857	28	9.333
29	6.187	29	6.713	29	7.102	29	9.667
30	6.400	30	6.944	30	7.347	30	10.000

CIRCONFÉRENCE DE 50 POUCES = A 4 P. 2 P.,

PRODUIT RÉDUIT AU GRAND CENT.

DÉDUCTION FAITE DU						SANS DÉDUCTION.	
CINQUIÈME.		SIXIÈME.		SEPTIÈME.			
LONG.	PRODUIT.	LONG.	PRODUIT.	LONG.	PRODUIT.	LONG.	PRODUIT.
pieds	solives.	pieds	solives.	pieds	solives.	pieds	solives.
1	0.231	1	0.251	1	0.266	1	0.362
2	0.463	2	0.502	2	0.531	2	0.723
3	0.694	3	0.754	3	0.797	3	1.085
4	0.926	4	1.005	4	1.063	4	1.447
5	1.157	5	1.256	5	1.328	5	1.808
6	1.389	6	1.507	6	1.594	6	2.170
7	1.620	7	1.758	7	1.860	7	2.532
8	1.852	8	2.009	8	2.126	8	2.894
9	2.083	9	2.261	9	2.391	9	3.255
10	2.315	10	2.512	10	2.657	10	3.617
11	2.546	11	2.763	11	2.923	11	3.979
12	2.778	12	3.014	12	3.189	12	4.340
13	3.009	13	3.265	13	3.455	13	4.702
14	3.241	14	3.516	14	3.720	14	5.064
15	3.472	15	3.768	15	3.986	15	5.425
16	3.704	16	4.019	16	4.252	16	5.787
17	3.935	17	4.270	17	4.518	17	6.149
18	4.167	18	4.521	18	4.783	18	6.510
19	4.398	19	4.772	19	5.049	19	6.872
20	4.630	20	5.023	20	5.315	20	7.234
21	4.861	21	5.275	21	5.581	21	7.595
22	5.093	22	5.526	22	5.846	22	7.957
23	5.324	23	5.777	23	6.112	23	8.319
24	5.556	24	6.028	24	6.378	24	8.681
25	5.787	25	6.279	25	6.644	25	9.042
26.	6.019	26	6.530	26	6.909	26	9.404
27	6.250	27	6.782	27	7.175	27	9.766
28	6.481	28	7.033	28	7.441	28	10.127
29	6.713	29	7.284	29	7.707	29	10.489
30	6.944	30	7.535	30	7.972	30	10.851

CIRCONFÉRENCE DE 52 POUCES = A 4 P. 4 P.,

PRODUIT RÉDUIT AU GRAND CENT.

DÉDUCTION FAITE DU						SANS DÉDUCTION.	
CINQUIÈME.		SIXIÈME.		SEPTIÈME.			
LONG.	PRODUIT.	LONG.	PRODUIT.	LONG.	PRODUIT.	LONG.	PRODUIT.
pieds	solives.	pieds	solives.	pieds	solives.	pieds	solives.
1	0.250	1	0.272	1	0.287	1	0.391
2	0.501	2	0.543	2	0.575	2	0.782
3	0.751	3	0.815	3	0.862	3	1.174
4	1.001	4	1.086	4	1.150	4	1.565
5	1.252	5	1.358	5	1.437	5	1.956
6	1.502	6	1.629	6	1.725	6	2.347
7	1.753	7	1.901	7	2.012	7	2.738
8	2.003	8	2.173	8	2.299	8	3.130
9	2.253	9	2.444	9	2.587	9	3.521
10	2.504	10	2.716	10	2.874	10	3.912
11	2.754	11	2.987	11	3.162	11	4.303
12	3.004	12	3.259	12	3.449	12	4.694
13	3.255	13	3.530	13	3.737	13	5.086
14	3.505	14	3.802	14	4.024	14	5.477
15	3.756	15	4.074	15	4.311	15	5.868
16	4.006	16	4.345	16	4.599	16	6.259
17	4.256	17	4.617	17	4.886	17	6.650
18	4.507	18	4.888	18	5.174	18	7.042
19	4.757	19	5.160	19	5.461	19	7.433
20	5.007	20	5.432	20	5.749	20	7.824
21	5.258	21	5.703	21	6.036	21	8.215
22	5.508	22	5.975	22	6.323	22	8.606
23	5.759	23	6.246	23	6.611	23	8.998
24	6.009	24	6.518	24	6.898	24	9.389
25	6.259	25	6.789	25	7.186	25	9.780
26	6.510	26	7.061	26	7.473	26	10.171
27	6.760	27	7.333	27	7.761	27	10.562
28	7.010	28	7.604	28	8.048	28	10.954
29	7.261	29	7.876	29	8.335	29	11.345
30	7.511	30	8.147	30	8.623	30	11.736

CIRCONFÉRENCE DE 54 POUCES = A 4 P. 6 P.,

PRODUIT RÉDUIT AU GRAND CENT.

DÉDUCTION FAITE DU						SANS DÉDUCTION.	
CINQUIÈME.		SIXIÈME.		SEPTIÈME.			
LONG.	PRODUIT.	LONG.	PRODUIT.	LONG.	PRODUIT.	LONG.	PRODUIT.
pieds	solives.	pieds	solives.	pieds	solives.	pieds	solives.
1	0.270	1	0.293	1	0.310	1	0.422
2	0.540	2	0.586	2	0.620	2	0.844
3	0.810	3	0.879	3	0.930	3	1.266
4	1.080	4	1.172	4	1.240	4	1.688
5	1.350	5	1.465	5	1.550	5	2.109
6	1.620	6	1.758	6	1.860	6	2.531
7	1.890	7	2.051	7	2.169	7	2.953
8	2.160	8	2.344	8	2.479	8	3.375
9	2.430	9	2.637	9	2.789	9	3.797
10	2.700	10	2.930	10	3.099	10	4.219
11	2.970	11	3.223	11	3.409	11	4.641
12	3.240	12	3.516	12	3.719	12	5.063
13	3.510	13	3.809	13	4.029	13	5.484
14	3.780	14	4.102	14	4.339	14	5.906
15	4.050	15	4.395	15	4.649	15	6.328
16	4.320	16	4.688	16	4.959	16	6.750
17	4.590	17	4.981	17	5.269	17	7.172
18	4.860	18	5.274	18	5.579	18	7.594
19	5.130	19	5.567	19	5.889	19	8.016
20	5.400	20	5.860	20	6.199	20	8.438
21	5.670	21	6.153	21	6.508	21	8.859
22	5.940	22	6.446	22	6.818	22	9.281
23	6.210	23	6.738	23	7.128	23	9.703
24	6.480	24	7.031	24	7.438	24	10.125
25	6.750	25	7.324	25	7.748	25	10.547
26	7.020	26	7.617	26	8.058	26	10.969
27	7.290	27	7.910	27	8.368	27	11.391
28	7.560	28	8.202	28	8.678	28	11.813
29	7.830	29	8.495	29	8.988	29	12.234
30	8.100	30	8.788	30	9.298	30	12.656

CIRCONFÉRENCE DE 56 POUCES = A 4 P. 8 P.,

PRODUIT RÉDUIT AU GRAND CENT.

DÉDUCTION FAITE DU						SANS DÉDUCTION.	
CINQUIÈME.		SIXIÈME.		SEPTIÈME.			
LONG.	PRODUIT.	LONG.	PRODUIT.	LONG.	PRODUIT.	LONG.	PRODUIT.
pieds	solives.	pieds	solives.	pieds	solives.	pieds	solives.
1	0.301	1	0.315	1	0.333	1	0.454
2	0.602	2	0.630	2	0.667	2	0.907
3	0.903	3	0.945	3	1.000	3	1.361
4	1.203	4	1.260	4	1.333	4	1.815
5	1.504	5	1.575	5	1.667	5	2.269
6	1.805	6	1.090	6	2.000	6	2.722
7	2.106	7	2.206	7	2.333	7	3.176
8	2.407	8	2.521	8	2.667	8	3.630
9	2.708	9	2.836	9	3.000	9	3.983
10	3.009	10	3.151	10	3.333	10	4.537
11	3.309	11	3.466	11	3.667	11	4.991
12	3.610	12	3.781	12	4.000	12	5.444
13	3.911	13	4.096	13	4.333	13	5.898
14	4.212	14	4.411	14	4.667	14	6.352
15	4.513	15	4.726	15	5.000	15	6.806
16	4.814	16	5.041	16	5.333	16	7.259
17	5.115	17	5.356	17	5.667	17	7.713
18	5.415	18	5.671	18	6.000	18	8.167
19	5.716	19	5.986	19	6.333	19	8.620
20	6.017	20	6.301	20	6.667	20	9.074
21	6.318	21	6.617	21	7.000	21	9.528
22	6.619	22	6.932	22	7.333	22	9.981
23	6.920	23	7.247	23	7.667	23	10.435
24	7.220	24	7.562	24	8.000	24	10.889
25	7.521	25	7.877	25	8.333	25	11.343
26	7.822	26	8.192	26	8.667	26	11.796
27	8.123	27	8.507	27	9.000	27	12.250
28	8.424	28	8.822	28	9.333	28	12.704
29	8.725	29	9.137	29	9.667	29	13.157
30	9.026	30	9.452	30	10.000	30	13.611

CIRCONFÉRENCE DE 58 POUCES = A 4 P. 10 P.,

PRODUIT RÉDUIT AU GRAND CENT.

DÉDUCTION FAITE DU CINQUIÈME.		SIXIÈME.		SEPTIÈME.		SANS DÉDUCTION.	
LONG.	PRODUIT.	LONG.	PRODUIT.	LONG.	PRODUIT.	LONG.	PRODUIT.
pieds	solives.	pieds	solives.	pieds	solives.	pieds	solives.
1	0.311	1	0.338	1	0.358	1	0.461
2	0.623	2	0.676	2	0.715	2	0.922
3	0.934	3	1.014	3	1.073	3	1.384
4	1.246	4	1.352	4	1.430	4	1.845
5	1.557	5	1.690	5	1.788	5	2.306
6	1.869	6	2.028	6	2.145	6	2.767
7	2.180	7	2.366	7	2.503	7	3.229
8	2.492	8	2.704	8	2.861	8	3.690
9	2.803	9	3.042	9	3.218	9	4.151
10	3.115	10	3.380	10	3.576	10	4.612
11	3.426	11	3.718	11	3.933	11	5.073
12	3.738	12	4.056	12	4.291	12	5.535
13	4.049	13	4.394	13	4.648	13	5.996
14	4.361	14	4.732	14	5.006	14	6.457
15	4.672	15	5.070	15	5.363	15	6.918
16	4.984	16	5.398	16	5.721	16	7.380
17	5.295	17	5.736	17	6.079	17	7.841
18	5.607	18	6.074	18	6.436	18	8.302
19	5.918	19	6.412	19	6.794	19	8.763
20	6.230	20	6.760	20	7.151	20	9.225
21	6.541	21	7.078	21	7.509	21	9.686
22	6.853	22	7.436	22	7.866	22	10.147
23	7.164	23	7.774	23	8.224	23	10.608
24	7.476	24	8.111	24	8.582	24	11.069
25	7.787	25	8.449	25	8.939	25	11.531
26	8.099	26	8.787	26	9.297	26	11.992
27	8.410	27	9.125	27	9.654	27	12.453
28	8.721	28	6.463	28	10.012	28	12.914
29	9.033	29	9.801	29	10.369	29	13.376
30	9.344	30	10.139	30	10.727	30	13.837

CIRCONFÉRENCE DE 60 POUCES = A 5 PIEDS,

PRODUIT RÉDUIT AU GRAND CENT.

DÉDUCTION FAITE DU						SANS DÉDUCTION.	
CINQUIÈME.		SIXIÈME.		SEPTIÈME.			
LONG.	PRODUIT.	LONG.	PRODUIT.	LONG.	PRODUIT.	LONG.	PRODUIT.
pieds	solives.	pieds	solives.	pieds	solives.	pieds	solives.
1	0.333	1	0.362	1	0.383	1	0.521
2	0.667	2	0.723	2	0.765	2	1.042
3	1.000	3	1.085	3	1.148	3	1.563
4	1.333	4	1.447	4	1.531	4	2.083
5	1.667	5	1.808	5	1.913	5	2.604
6	2.000	6	2.170	6	2.296	6	3.125
7	2.333	7	2.532	7	2.679	7	3.646
8	2.667	8	2.894	8	3.061	8	4.167
9	3.000	9	3.255	9	3.444	9	4.688
10	3.333	10	3.617	10	3.826	10	5.208
11	3.667	11	3.979	11	4.209	11	5.729
12	4.000	12	4.340	12	4.592	12	6.250
13	4.333	13	4.702	13	4.974	13	6.771
14	4.667	14	5.064	14	5.357	14	7.292
15	5.000	15	5.425	15	5.740	15	7.813
16	5.333	16	5.787	16	6.122	16	8.333
17	5.667	17	6.149	17	6.505	17	8.854
18	6.000	18	6.510	18	6.888	18	9.375
19	6.333	19	6.872	19	7.270	19	9.896
20	6.667	20	7.234	20	7.653	20	10.417
21	7.000	21	7.595	21	8.036	21	10.938
22	7.333	22	7.957	22	8.418	22	11.458
23	7.667	23	8.319	23	8.801	23	11.979
24	8.000	24	8.681	24	9.183	24	12.500
25	8.333	25	9.042	25	9.566	25	13.021
26	8.667	26	9.404	26	9.949	26	13.542
27	9.000	27	9.766	27	10.331	27	14.063
28	9.333	28	10.127	28	10.714	28	14.583
29	9.667	29	10.489	29	11.097	29	15.104
30	10.000	30	10.851	30	11.479	30	15.625

CIRCONFÉRENCE DE 62 POUCES = A 5 P. 2 P.,

PRODUIT RÉDUIT AU GRAND CENT.

DÉDUCTION FAITE DU						SANS DÉDUCTION.	
CINQUIÈME.		SIXIÈME.		SEPTIÈME.			
LONG.	PRODUIT.	LONG.	PRODUIT.	LONG.	PRODUIT.	LONG.	PRODUIT.
pieds	solives.	pieds	solives.	pieds	solives.	pieds	solives.
1	0.362	1	0.386	1	0.415	1	0.552
2	0.723	2	0.772	2	0.831	2	1.103
3	1.084	3	1.158	3	1.246	3	1.655
4	1.446	4	1.545	4	1.661	4	2.106
5	1.808	5	1.931	5	2.077	5	2.758
6	2.170	6	2.317	6	2.492	6	3.390
7	2.532	7	2.703	7	2.908	7	3.861
8	2.894	8	3.090	8	3.323	8	4.412
9	3.255	9	3.476	9	3.738	9	4.964
10	3.617	10	3.862	10	4.154	10	5.515
11	3.979	11	4.248	11	4.569	11	6.067
12	4.340	12	4.634	12	4.984	12	6.618
13	4.702	13	5.021	13	5.400	13	7.170
14	5.064	14	5.407	14	5.815	14	7.721
15	5.425	15	5.793	15	6.230	15	8.273
16	5.787	16	6.179	16	6.646	16	8.824
17	6.149	17	6.566	17	7.061	17	9.376
18	6.510	18	6.952	18	7.476	18	9.927
19	6.872	19	7.338	19	7.892	19	10.479
20	7.234	20	7.724	20	8.307	20	11.030
21	7.595	21	8.110	21	8.723	21	11.582
22	7.957	22	8.497	22	9.138	22	12.133
23	8.319	23	8.873	23	9.553	23	12.685
24	8.681	24	9.269	24	9.969	24	13.236
25	9.042	25	9.655	25	10.384	25	13.788
26	9.404	26	10.041	26	10.799	26	14.339
27	9.766	27	10.428	27	11.214	27	14.891
28	10.127	28	10.814	28	11.630	28	15.442
29	10.489	29	11.200	29	12.045	29	15.994
30	10.851	30	11.586	30	12.461	30	16.545

CIRCONFÉRENCE DE 64 POUCES = A 5 P. 4 P.,

PRODUIT RÉDUIT AU GRAND CENT.

DÉDUCTION FAITE DU						SANS DÉDUCTION.	
CINQUIÈME.		SIXIÈME.		SEPTIÈME.			
LONG.	PRODUIT.	LONG.	PRODUIT.	LONG.	PRODUIT.	LONG.	PRODUIT.
pieds	solives.	pieds	solives.	pieds	solives.	pieds	solives.
1	0.379	1	0.412	1	0.436	1	0.593
2	0.759	2	0.823	2	0.871	2	1.185
3	1.138	3	1.235	3	1.307	3	1.778
4	1.517	4	1.646	4	1.742	4	2.370
5	1.896	5	2.058	5	2.178	5	2.963
6	2.276	6	2.469	6	2.614	6	3.556
7	2.655	7	2.881	7	3.049	7	4.148
8	3.034	8	3.292	8	3.485	8	4.741
9	3.413	9	3.704	9	3.920	9	5.333
10	3.793	10	4.115	10	4.356	10	5.926
11	4.172	11	4.527	11	4.792	11	6.519
12	4.551	12	4.938	12	5.227	12	7.111
13	4.930	13	5.350	13	5.663	13	7.704
14	5.310	14	5.761	14	6.099	14	8.296
15	5.689	15	6.173	15	6.534	15	8.889
16	6.068	16	6.584	16	6.970	16	9.481
17	6.447	17	6.996	17	7.405	17	10.074
18	6.827	18	7.407	18	7.841	18	10.667
19	7.206	19	7.819	19	8.277	19	11.259
20	7.585	20	8.230	20	8.712	20	11.852
21	7.964	21	8.642	21	9.148	21	12.444
22	8.344	22	9.054	22	9.583	22	13.037
23	8.723	23	9.465	23	10.019	23	13.630
24	9.102	24	9.877	24	10.455	24	14.222
25	9.481	25	10.288	25	10.890	25	14.815
26	9.861	26	10.700	26	11.326	26	15.407
27	10.240	27	11.111	27	11.761	27	16.000
28	10.619	28	11.523	28	12.197	28	16.593
29	10.998	29	11.934	29	12.633	29	17.185
30	11.378	30	12.346	30	13.068	30	17.778

CIRCONFÉRENCE DE 66 POUCES = A 5 P. 6 P.,

PRODUIT RÉDUIT AU GRAND CENT.

DÉDUCTION FAITE DU						SANS	
CINQUIÈME.		SIXIÈME.		SEPTIÈME.		DÉDUCTION.	
LONG.	PRODUIT.	LONG.	PRODUIT.	LONG.	PRODUIT.	LONG.	PRODUIT.
pieds	solives.	pieds	solives.	pieds	solives.	pieds	solives.
1	0.403	1	0.438	1	0.463	1	0.630
2	0.807	2	0.875	2	0.926	2	1.260
3	1.210	3	1.313	3	1.389	3	1.891
4	1.613	4	1.751	4	1.852	4	2.521
5	2.017	5	2.188	5	2.315	5	3.151
6	2.420	6	2.626	6	2.778	6	3.781
7	2.823	7	3.064	7	3.241	7	4.411
8	3.227	8	3.501	8	3.704	8	5.042
9	3.630	9	3.939	9	4.167	9	5.672
10	4.033	10	4.376	10	4.630	10	6.302
11	4.437	11	4.814	11	5.093	11	6.932
12	4.840	12	5.252	12	5.556	12	7.563
13	5.243	13	5.689	13	6.019	13	8.193
14	5.647	14	6.127	14	6.482	14	8.823
15	6.050	15	6.565	15	6.945	15	9.453
16	6.453	16	7.002	16	7.408	16	10.083
17	6.857	17	7.440	17	7.871	17	10.714
18	7.260	18	7.878	18	8.334	18	11.344
19	7.663	19	8.315	19	8.797	19	11.974
20	8.067	20	8.753	20	9.260	20	12.604
21	8.470	21	9.191	21	9.723	21	13.234
22	8.873	22	9.628	22	10.186	22	13.865
23	9.277	23	10.066	23	10.649	23	14.495
24	9.680	24	10.503	24	11.112	24	15.125
25	10.083	25	10.941	25	11.576	25	15.755
26	10.487	26	11.379	26	12.039	26	16.385
27	10.890	27	11.816	27	12.502	27	17.015
28	11.293	28	12.254	28	12.965	28	17.646
29	11.697	29	12.692	29	13.428	29	18.276
30	12.100	30	13.129	30	13.891	30	18.916

CIRCONFÉRENCE DE 68 POUCES = A 5 P. 8 P.,

PRODUIT RÉDUIT AU GRAND CENT.

DÉDUCTION FAITE DU						SANS DÉDUCTION.	
CINQUIÈME.		SIXIÈME.		SEPTIÈME.			
LONG.	PRODUIT.	LONG.	PRODUIT.	LONG.	PRODUIT.	LONG.	PRODUIT.
pieds	solives.	pieds	solives.	pieds	solives.	pieds	solives.
1	0.428	1	0.464	1	0.491	1	0.669
2	0.856	2	0.929	2	0.983	2	1.338
3	1.284	3	1.393	3	1.474	3	2.007
4	1.713	4	1.857	4	1.966	4	2.676
5	2.141	5	2.322	5	2.457	5	3.345
6	2.569	6	2.786	6	2.949	6	4.014
7	2.997	7	3.250	7	3.441	7	4.683
8	3.425	8	3.715	8	3.933	8	5.352
9	3.853	9	4.179	9	4.424	9	6.021
10	4.281	10	4.643	10	4.914	10	6.690
11	4.710	11	5.107	11	5.406	11	7.359
12	5.138	12	5.572	12	5.897	12	8.028
13	5.566	13	6.036	13	6.389	13	8.697
14	5.994	14	6.500	14	6.880	14	9.366
15	6.422	15	6.965	15	7.372	15	10.035
16	6.850	16	7.429	16	7.863	16	10.704
17	7.279	17	7.893	17	8.355	17	11.373
18	7.707	18	8.358	18	8.846	18	12.042
19	8.135	19	8.822	19	9.337	19	12.711
20	8.563	20	9.286	20	9.829	20	13.380
21	8.991	21	9.751	21	10.320	21	14.049
22	9.419	22	10.215	22	10.812	22	14.718
23	9.847	23	10.679	23	11.303	23	15.387
24	10.276	24	11.143	24	11.795	24	16.056
25	10.704	25	11.608	25	12.286	25	16.725
26	11.132	26	12.072	26	12.778	26	17.394
27	11.560	27	12.537	27	13.269	27	18.062
28	11.988	28	13.001	28	13.760	28	18.731
29	12.416	29	13.465	29	14.252	29	19.390
30	12.844	30	13.929	30	14.743	30	20.069

CIRCONFÉRENCE DE 70 POUCES = A 5 P. 10 P.,

PRODUIT RÉDUIT AU GRAND CENT.

DÉDUCTION FAITE DU						SANS DÉDUCTION.	
CINQUIÈME.		SIXIÈME.		SEPTIÈME.			
LONG.	PRODUIT.	LONG.	PRODUIT.	LONG.	PRODUIT.	LONG.	PRODUIT.
pieds	solives.	pieds	solives.	pieds	solives	pieds	solives.
1	0.454	1	0.492	1	0.521	1	0.710
2	0.907	2	0.984	2	1.042	2	1.420
3	1.361	3	1.476	3	1.563	3	2.129
4	1.815	4	1.968	4	2.083	4	2.839
5	2.269	5	2.460	5	2.604	5	3.549
6	2.722	6	2.952	6	3.125	6	4.259
7	3.176	7	3.444	7	3.646	7	4.968
8	3.630	8	3.936	8	4.167	8	5.678
9	4.083	9	4.428	9	4.688	9	6.388
10	4.537	10	4.921	10	5.208	10	7.098
11	4.991	11	5.413	11	5.729	11	7.708
12	5.444	12	5.905	12	6.250	12	8.417
13	5.898	13	6.397	13	6.771	13	9.127
14	6.352	14	6.889	14	7.292	14	9.937
15	6.806	15	7.381	15	7.813	15	10.647
16	7.259	16	7.873	16	8.333	16	11.356
17	7.713	17	8.365	17	8.854	17	12.066
18	8.167	18	8.857	18	9.375	18	12.776
19	8.620	19	9.349	19	9.896	19	13.486
20	9.074	20	9.841	20	10.417	20	14.196
21	9.528	21	10.333	21	10.938	21	14.905
22	9.981	22	10.825	22	11.458	22	15.615
23	10.435	23	11.317	23	11.979	23	16.325
24	10.889	24	11.809	24	12.500	24	17.035
25	11,343	25	12.301	25	13.021	25	17.745
26	11.796	26	12.793	26	13.542	26	18.454
27	12.250	27	13.285	27	14.063	27	19.164
28	12.704	28	13.777	28	14.583	28	19.874
29	13.157	29	14.270	29	15.104	29	20.584
30	13.611	30	14.762	30	15.625	30	21.293

CIRCONFÉRENCE DE 72 POUCES = A 6 PIEDS,

PRODUIT RÉDUIT AU GRAND CENT.

DÉDUCTION FAITE DU						SANS DÉDUCTION.	
CINQUIÈME.		SIXIÈME.		SEPTIÈME.			
LONG.	PRODUIT.	LONG.	PRODUIT.	LONG.	PRODUIT.	LONG.	PRODUIT.
pieds	solives.	pieds	solives.	pieds	solives.	pieds	solives.
1	0.480	1	0.521	1	0.551	1	0.750
2	0.960	2	1.042	2	1.102	2	1.500
3	1.440	3	1.563	3	1.653	3	2.250
4	1.920	4	2.083	4	2.204	4	3.000
5	2.400	5	2.604	5	2.755	5	3.750
6	2.880	6	3.125	6	3.306	6	4.500
7	3.360	7	3.646	7	3.857	7	5.250
8	3.840	8	4.167	8	4.408	8	6.000
9	4.320	9	4.688	9	4.959	9	6.750
10	4.800	10	5.208	10	5.510	10	7.500
11	5.280	11	5.729	11	6.061	11	8.250
12	5.760	12	6.250	12	6.612	12	9.000
13	6.240	13	6.771	13	7.163	13	9.750
14	6.720	14	7.292	14	7.714	14	10.500
15	7.200	15	7.813	15	8.265	15	11.250
16	7.680	16	8.333	16	8.816	16	12.000
17	8.160	17	8.854	17	9.367	17	12.750
18	8.640	18	9.375	18	9.918	18	13.500
19	9.120	19	9.896	19	10.469	19	14.250
20	9.600	20	10.417	20	11.021	20	15.000
21	10.080	21	10.938	21	11.572	21	15.750
22	10.560	22	11.458	22	12.123	22	16.500
23	11.040	23	11.979	23	12.674	23	17.250
24	11.520	24	12.500	24	13.225	24	18.000
25	12.000	25	13.021	25	13.776	25	18.750
26	12.480	26	13.542	26	14.327	26	19.500
27	12.960	27	14.063	27	14.878	27	20.250
28	13.440	28	14.583	28	15.429	28	21.000
29	13.920	29	15.104	29	15.980	29	21.750
30	14.400	30	15.625	30	16.531	30	22.500

CIRCONFÉRENCE DE 74 POUCES = A 6 P. 2 P.,

PRODUIT RÉDUIT AU GRAND CENT.

DÉDUCTION FAITE DU						SANS	
CINQUIÈME.		SIXIÈME.		SEPTIÈME.		DÉDUCTION.	
LONG.	PRODUIT.	LONG.	PRODUIT.	LONG.	PRODUIT.	LONG.	PRODUIT.
pieds	solives.	pieds	solives.	pieds	solives.	pieds	solives.
1	0.507	1	0.548	1	0.582	1	0.793
2	1.014	2	1.096	2	1.164	2	1.586
3	1.521	3	1.644	3	1.746	3	2.378
4	2.028	4	2.191	4	2.328	4	3.171
5	2.535	5	2.739	5	2.910	5	3.964
6	3.042	6	3.287	6	3.492	6	4.757
7	3.549	7	3.835	7	4.074	7	5.550
8	4.056	8	4.383	8	4.656	8	6.343
9	4.563	9	4.931	9	5.238	9	7.135
10	5.070	10	5.479	10	5.820	10	7.928
11	5.577	11	6.026	11	6.402	11	8.721
12	6.084	12	6.574	12	6.985	12	9.514
13	6.591	13	7.122	13	7.567	13	10.307
14	7.099	14	7.670	14	8.149	14	11.100
15	7.606	15	8.218	15	8.731	15	11.892
16	8.113	16	8.766	16	9.313	16	12.685
17	8.620	17	9.314	17	9.895	17	13.477
18	9.127	18	9.861	18	10.477	18	14.271
19	9.634	19	10.409	19	11.059	19	15.064
20	10.141	20	10.957	20	11.641	20	15.856
21	10.648	21	11.505	21	12.223	21	16.649
22	11.155	22	12.053	22	12.805	22	17.442
23	11.662	23	12.601	23	13.387	23	18.235
24	12.169	24	13.148	24	13.969	24	19.028
25	12.676	25	13.696	25	14.551	25	19.821
26	13.183	26	14.244	26	15.133	26	20.613
27	13.690	27	14.792	27	15.715	27	21.406
28	14.197	28	15.340	28	16.297	28	22.199
29	14.704	29	15.988	29	16.879	29	22.992
30	15.211	30	16.436	30	17.461	30	23.785

CIRCONFÉRENCE DE 76 POUCES = A 6 P. 4 P.,

PRODUIT RÉDUIT AU GRAND CENT.

DÉDUCTION FAITE DU						SANS DÉDUCTION.	
CINQUIÈME.		SIXIÈME.		SEPTIÈME.			
LONG.	PRODUIT.	LONG.	PRODUIT.	LONG.	PRODUIT.	LONG.	PRODUIT.
pieds	solives.	pieds	solives.	pieds	solives.	pieds	solives.
1	0.535	1	0.580	1	0.614	1	0.856
2	1.069	2	1.160	2	1.228	2	1.713
3	1.604	3	1.741	3	1.842	3	2.569
4	2.139	4	2.321	4	2.456	4	3.426
5	2.674	5	2.901	5	3.070	5	4.282
6	3.208	6	3.481	6	3.684	6	5.139
7	3.743	7	4.061	7	4.298	7	5.995
8	4.278	8	4.641	8	4.912	8	6.852
9	4.825	9	5.222	9	5.526	9	7.708
10	5.347	10	5.802	10	6.139	10	8.565
11	5.882	11	6.382	11	6.753	11	9.421
12	6.417	12	6.962	12	7.367	12	10.278
13	6.951	13	7.542	13	7.981	13	11.134
14	7.486	14	8.123	14	8.595	14	11.991
15	8.021	15	8.703	15	9.209	15	12.847
16	8.556	16	9.283	16	9.823	16	13.704
17	9.090	17	9.863	17	10.437	17	14.560
18	9.625	18	10.443	18	11.051	18	15.417
19	10.160	19	11.024	19	11.665	19	16.273
20	10.694	20	11.604	20	12.279	20	17.130
21	11.229	21	12.184	21	12.893	21	17.986
22	11.764	22	12.764	22	13.507	22	18.843
23	12.297	23	13.344	23	14.121	23	19.699
24	12.833	24	13.924	24	14.735	24	20.556
25	13.368	25	14.505	25	15.349	25	21.412
26	13.903	26	15.085	26	15.963	26	22.269
27	14.437	27	15.665	27	16.577	27	23.125
28	14.972	28	16.245	28	17.191	28	23.981
29	15.507	29	16.825	29	17.804	29	24.838
30	16.042	30	17.406	30	18.418	30	25.694

CIRCONFÉRENCE DE 78 POUCES = A 6 P. 6 P.,

PRODUIT RÉDUIT AU GRAND CENT.

DÉDUCTION FAITE DU						SANS DÉDUCTION.	
CINQUIÈME.		SIXIÈME.		SEPTIÈME.			
LONG.	PRODUIT.	LONG.	PRODUIT.	LONG.	PRODUIT.	LONG.	PRODUIT.
pieds	solives.	pieds	solives.	pieds	solives.	pieds	solives.
1	0.563	1	0.621	1	0.647	1	0.880
2	1.127	2	1.241	2	1.293	2	1.761
3	1.690	3	1.862	3	1.940	3	2.641
4	2.153	4	2.482	4	2.587	4	3.522
5	2.817	5	3.103	5	3.233	5	4.402
6	3.380	6	3.723	6	3.880	6	5.283
7	3.943	7	4.344	7	4.527	7	6.163
8	4.507	8	4.964	8	5.173	8	7.044
9	5.070	9	5.585	9	5.820	9	7.924
10	5.633	10	6.205	10	6.467	10	8.804
11	6.197	11	6.826	11	7.113	11	9.685
12	6.760	12	7.446	12	7.760	12	10.565
13	7.323	13	8.067	13	8.407	13	11.446
14	7.887	14	8.687	14	9.153	14	12.326
15	8.450	15	9.308	15	9.700	15	13.207
16	9.013	16	9.928	16	10.347	16	14.087
17	9.577	17	10.549	17	10.993	17	14.967
18	10.140	18	11.169	18	11.640	18	15.848
19	10.703	19	11.790	19	12.287	19	16.728
20	11.367	20	12.510	20	12.933	20	17.609
21	11.830	21	13.031	21	13.580	21	18.489
22	12.393	22	13.651	22	14.227	22	19.370
23	12.957	23	14.272	23	14.873	23	20.250
24	13.520	24	14.892	24	15.520	24	21.130
25	14.083	25	15.513	25	16.167	25	22.011
26	14.647	26	16.133	26	16.813	26	22.891
27	15.210	27	16.754	27	17.460	27	23.772
28	15.773	28	17.374	28	18.107	28	24.652
29	16.337	29	17.995	29	18.753	29	25.533
30	16.900	30	18.615	30	19.400	30	26.413

CIRCONFÉRENCE DE 80 POUCES = A 6 P. 8 P.,

PRODUIT RÉDUIT AU GRAND CENT.

DÉDUCTION FAITE DU						SANS DÉDUCTION.	
CINQUIÈME.		SIXIÈME.		SEPTIÈME.			
LONG.	PRODUIT.	LONG.	PRODUIT.	LONG.	PRODUIT.	LONG.	PRODUIT.
pieds	solives.	pieds	solives.	pieds	solives.	pieds	solives.
1	0.593	1	0.643	1	0.680	1	0.926
2	1.185	2	1.285	2	1.360	2	1.852
3	1.678	3	1.928	3	2.041	3	2.778
4	2.370	4	2.571	4	2.721	4	3.704
5	2.963	5	3.214	5	3.401	5	4.630
6	3.556	6	3.856	6	4.081	6	5.556
7	4.148	7	4.499	7	4.761	7	6.481
8	4.741	8	5.142	8	5.441	8	7.407
9	5.333	9	5.785	9	6.121	9	8.333
10	5.926	10	6.427	10	6.802	10	9.259
11	6.519	11	7.070	11	7.482	11	10.185
12	7.111	12	7.713	12	8.162	12	11.111
13	7.704	13	8.356	13	8.842	13	12.037
14	8.296	14	8.998	14	9.522	14	12.963
15	8.889	15	9.641	15	10.203	15	13.889
16	9.481	16	10.284	16	10.883	16	14.815
17	10.074	17	10.927	17	11.563	17	15.741
18	10.667	18	11.569	18	12.243	18	16.667
19	11.259	19	12.212	19	12.923	19	17.593
20	11.852	20	12.855	20	13.603	20	18.519
21	12.444	21	13.498	21	14.284	21	19.444
22	13.037	22	14.140	22	14.964	22	20.370
23	13.630	23	14.783	23	15.644	23	21.296
24	14.222	24	15.426	24	16.324	24	22.222
25	14.815	25	16.069	25	17.004	25	23.148
26	15.407	26	16.711	26	17.684	26	24.074
27	16.000	27	17.354	27	18.365	27	25.000
28	16.593	28	17.997	28	19.045	28	25.926
29	17.185	29	18.640	29	19.725	29	26.852
30	17.778	30	19.282	30	20.405	30	27.778

CIRCONFÉRENCE DE 82 POUCES = A 6 P. 10 P.,

PRODUIT RÉDUIT AU GRAND CENT.

DÉDUCTION FAITE DU						SANS DÉDUCTION.	
CINQUIÈME.		SIXIÈME.		SEPTIÈME.			
LONG.	PRODUIT.	LONG.	PRODUIT.	LONG.	PRODUIT.	LONG.	PRODUIT.
pieds	solives.	pieds	solives.	pieds	solives.	pieds	solives.
1	0.623	1	0.680	1	0.717	1	0.973
2	1.245	2	1.360	2	1.434	2	1.946
3	1.868	3	2.041	3	2.151	3	2.918
4	2.490	4	2.721	4	2.868	4	3.891
5	3.113	5	3.401	5	3.585	5	4.864
6	3.736	6	4.081	6	4.302	6	5.837
7	4.358	7	4.761	7	5.019	7	6.810
8	4.981	8	5.441	8	5.736	8	7.782
9	5.603	9	6.121	9	6.454	9	8.755
10	6.226	10	6,802	10	7.171	10	9.728
11	6.849	11	7.482	11	7.888	11	10.701
12	7.471	12	8.162	12	8.605	12	11.674
13	8.094	13	8.842	13	9.322	13	12.646
14	8.716	14	9.522	14	10.039	14	13.619
15	9,339	15	10.203	15	10.756	15	14.592
16	9.961	16	10.883	16	11.473	16	15.565
17	10.584	17	11.563	17	12.190	17	16.538
18	11.207	18	12.243	18	12.907	18	17.510
19	11.829	19	12.923	19	13.624	19	18.483
20	12.452	20	13.603	20	14.341	20	19.456
21	13.074	21	14.284	21	15.058	21	20.429
22	13.697	22	14.964	22	15.775	22	21.402
23	14.320	23	15.684	23	16.492	23	22.374
24	14.942	24	16.324	24	17.209	24	23.347
25	15.565	25	17.004	25	17.926	25	24.320
26	16.187	26	17.684	26	18.643	26	25.293
27	16.810	27	18.364	27	19.361	27	26.266
28	17.433	28	19.045	28	20.078	28	27.238
29	18.055	29	19.725	29	20.795	29	28.211
30	18.678	30	20.405	30	21.512	30	29.184

CIRCONFÉRENCE DE 84 POUCES = A 7 PIEDS,

PRODUIT RÉDUIT AU GRAND CENT.

DÉDUCTION FAITE DU						SANS DÉDUCTION.	
CINQUIÈME.		SIXIÈME.		SEPTIÈME.			
LONG.	PRODUIT.	LONG.	PRODUIT.	LONG.	PRODUIT.	LONG.	PRODUIT.
pieds	solives.	pieds	solives.	pieds	solives.	pieds	solives.
1	0.653	1	0.709	1	0.750	1	1.021
2	1.307	2	1.418	2	1.500	2	2.042
3	1.960	3	2.127	3	2.250	3	3.063
4	2.613	4	2.836	4	3.000	4	4.083
5	3.267	5	3.545	5	3.750	5	5.104
6	3.920	6	4.253	6	4.500	6	6.125
7	4.573	7	4.962	7	5.250	7	7.146
8	5.227	8	5.671	8	6.000	8	8.167
9	5.880	9	6.380	9	6.750	9	9.188
10	6.533	10	7.089	10	7.500	10	10.208
11	7.187	11	7.798	11	8.250	11	11.229
12	7.840	12	8.507	12	9.000	12	12.250
13	8.493	13	9.216	13	9.750	13	13.271
14	9.147	14	9.925	14	10.500	14	14.292
15	9.800	15	10.634	15	11.250	15	15.313
16	10.453	16	11.343	16	12.000	16	16.333
17	11.107	17	12.052	17	12.750	17	17.354
18	11.760	18	12.760	18	13.500	18	18.375
19	12.413	19	13.469	19	14.250	19	19.396
20	13.067	20	14.178	20	15.000	20	20.417
21	13.720	21	14.887	21	15.750	21	21.438
22	14.373	22	15.596	22	16.500	22	22.458
23	15.027	23	16.305	23	17.250	23	23.479
24	15.680	24	17.014	24	18.000	24	24.500
25	16.333	25	17.723	25	18.750	25	25.521
26	16.987	26	18.432	26	19.500	26	26.542
27	17.640	27	19.141	27	20.250	27	27.563
28	18.293	28	19.850	28	21.000	28	28.583
29	18.947	29	20.559	29	21.750	29	29.604
30	19.600	30	21.267	30	22.500	30	30.625

CIRCONFÉRENCE DE 86 POUCES = A 7 P. 2 P.,

PRODUIT RÉDUIT AU GRAND CENT.

DÉDUCTION FAITE DU						SANS DÉDUCTION.	
CINQUIÈME.		SIXIÈME.		SEPTIÈME.			
LONG.	PRODUIT.	LONG.	PRODUIT.	LONG.	PRODUIT.	LONG.	PRODUIT.
pieds	solives.	pieds	solives.	pieds	solives.	pieds	solives.
1	0.685	1	0.743	1	0.786	1	1.068
2	1.370	2	1.486	2	1.572	2	2.135
3	2.054	3	2.230	3	2.358	3	3.203
4	2.739	4	2.973	4	3.145	4	4.271
5	3.424	5	3.716	5	3.931	5	5.339
6	4.109	6	4.459	6	4.717	6	6.406
7	4.794	7	5.202	7	5.503	7	7.474
8	5.479	8	5.946	8	6.289	8	8.542
9	6.163	9	6.689	9	7.075	9	9.609
10	6.848	10	7.432	10	7.861	10	10.677
11	7.533	11	8.175	11	8.648	11	11.745
12	8.218	12	8.918	12	9.434	12	12.812
13	8.903	13	9.662	13	10.220	13	13.880
14	9.587	14	10.405	14	11.006	14	14.948
15	10.272	15	11.148	15	11.792	15	16.016
16	10.957	16	11.891	16	12.578	16	17.083
17	11.642	17	12.635	17	13.364	17	18.151
18	12.327	18	13.378	18	14.151	18	19.219
19	13.011	19	14.121	19	14.937	19	20.286
20	13.696	20	14.864	20	15.723	20	21.354
21	14.381	21	15.607	21	16.509	21	22.422
22	15.066	22	16.351	22	17.295	22	23.490
23	15.751	23	17.094	23	18.081	23	24.557
24	16.436	24	17.837	24	18.867	24	25.625
25	17.120	25	18.580	25	19.654	25	26.693
26	17.805	26	19.323	26	20.430	26	27.760
27	18.490	27	20.067	27	21.216	27	28.828
28	19.175	28	20.810	28	22.002	28	29.896
29	19.860	29	21.553	29	22.788	29	30.964
30	20.544	30	22.296	30	23.575	30	32.031

CIRCONFÉRENCE DE 88 POUCES = A 7 P. 4 P.,

PRODUIT RÉDUIT AU GRAND CENT.

DÉDUCTION FAITE DU						SANS DÉDUCTION.	
CINQUIÈME.		SIXIÈME.		SEPTIÈME.			
LONG.	PRODUIT.	LONG.	PRODUIT.	LONG.	PRODUIT.	LONG.	PRODUIT.
pieds	solives.	pieds	solives.	pieds	solives.	pieds	solives.
1	0.717	1	0.777	1	0.821	1	1.120
2	1.434	2	1.553	2	1.642	2	2.241
3	2.151	3	2.330	3	2.463	3	3.361
4	2.868	4	3.106	4	3.284	4	4.481
5	3.585	5	3.883	5	4.105	5	5.602
6	4.302	6	4.659	6	4.926	6	6.722
7	5.019	7	5.436	7	5.747	7	7.843
8	5.736	8	6.212	8	6.568	8	8.963
9	6.453	9	6.989	9	7.389	9	10.083
10	7.170	10	7.765	10	8.210	10	11.204
11	7.887	11	8.542	11	9.031	11	12.324
12	8.604	12	9.318	12	9.853	12	13.444
13	9.321	13	10.095	13	10.674	13	14.565
14	10.039	14	10.871	14	11.495	14	15.685
15	10.756	15	11.648	15	12.316	15	16.806
16	11.473	16	12.424	16	13.137	16	17.926
17	12.190	17	13.201	17	13.958	17	19.046
18	12.907	18	13.977	18	14.779	18	20.167
19	13.624	19	14.754	19	15.600	19	21.287
20	14.341	20	15.530	20	16.421	20	22.407
21	15.058	21	16.307	21	17.242	21	23.528
22	15.775	22	17.083	22	18.063	22	24.648
23	16.492	23	17.860	23	18.884	23	25.769
24	17.209	24	18.636	24	19.705	24	26.889
25	17.926	25	19.413	25	20.526	25	28.009
26	18.643	26	20.189	26	21.347	26	29.130
27	19.360	27	21.966	27	22.168	27	30.250
28	20.077	28	22.742	28	22.989	28	31.370
29	20.794	29	22.519	29	23.810	29	32.491
30	21.511	30	23.295	30	24.631	30	33.611

CIRCONFÉRENCE DE 90 POUCES = A 7 P. 6 P.,

PRODUIT RÉDUIT AU GRAND CENT.

DÉDUCTION FAITE DU						SANS	
CINQUIÈME.		SIXIÈME.		SEPTIÈME.		DÉDUCTION.	
LONG.	PRODUIT.	LONG.	PRODUIT.	LONG.	PRODUIT.	LONG.	PRODUIT.
pieds	solives.	pieds	solives.	pieds	solives.	pieds	solives.
1	0.750	1	0.814	1	0.861	1	1.172
2	1.500	2	1.628	2	1.722	2	2.344
3	2.250	3	2.441	3	2.582	3	3.516
4	3.000	4	3.255	4	3.443	4	4.688
5	3.750	5	4.069	5	4.304	5	5.859
6	4.500	6	4.883	6	5.165	6	7.031
7	5.250	7	5.697	7	6.026	7	8.203
8	6.000	8	6.510	8	6.887	8	9.375
9	6.750	9	7.324	9	7.747	9	10.547
10	7.500	10	8.138	10	8.608	10	11.719
11	8.250	11	8.952	11	9.469	11	12.891
12	9.000	12	9.766	12	10.330	12	14.063
13	9.750	13	10.579	13	11.191	13	15.234
14	10.500	14	11.393	14	12.051	14	16.406
15	11.250	15	12.207	15	12.912	15	17.578
16	12.000	16	13.021	16	13.773	16	18.750
17	12.750	17	13.835	17	14.634	17	19.922
18	13.500	18	14.648	18	15.495	18	21.094
19	14.250	19	15.462	19	16.356	19	22.266
20	15.000	20	16.276	20	17.216	20	23.438
21	15.750	21	17.090	21	18.077	21	24.609
22	16.500	22	17.904	22	18.938	22	25.781
23	17.250	23	18.717	23	19.799	23	26.953
24	18.000	24	19.531	24	20.660	24	28.125
25	18.750	25	20.345	25	21.520	25	29.297
26	19.500	26	21.159	26	22.381	26	30.469
27	20.250	27	21.973	27	23.242	27	31.641
28	21.000	28	22.786	28	24.103	28	32.813
29	21.750	29	23.600	29	24.964	29	34.984
30	22.500	30	24.414	30	25.825	30	35.156

CIRCONFÉRENCE DE 92 POUCES = A 7 P. 8 P.,

PRODUIT RÉDUIT AU GRAND CENT.

DÉDUCTION FAITE DU						SANS DÉDUCTION.	
CINQUIÈME.		SIXIÈME.		SEPTIÈME.			
LONG.	PRODUIT.	LONG.	PRODUIT.	LONG.	PRODUIT.	LONG.	PRODUIT.
pieds	solives.	pieds	solives.	pieds	solives.	pieds	solives.
1	0.784	1	0.850	1	0.900	1	1.225
2	1.567	2	1.701	2	1.799	2	2.449
3	2.351	3	2.551	3	2.699	3	3.674
4	3.135	4	3.401	4	3.599	4	4.898
5	3.919	5	4.252	5	4.498	5	6.123
6	4.702	6	5.102	6	5.398	6	7.347
7	5.486	7	5.952	7	6.297	7	8.572
8	6.270	8	6.803	8	7.197	8	9.796
9	7.053	9	7.653	9	8.097	9	11.021
10	7.837	10	8.503	10	8.996	10	12.245
11	8.621	11	9.354	11	9.896	11	13.470
12	9.404	12	10.204	12	10.796	12	14.694
13	10.188	13	11.054	13	11.695	13	15.919
14	10.972	14	11.904	14	12.595	14	17.144
15	11.756	15	12.755	15	13.495	15	18.368
16	12.539	16	13.605	16	14.394	16	19.593
17	13.323	17	14.455	17	15.294	17	20.817
18	14.107	18	15.306	18	16.193	18	22.042
19	14.890	19	16.156	19	17.093	19	23.266
20	15.674	20	17.006	20	17.993	20	24.491
21	16.458	21	17.857	21	18.892	21	25.715
22	17.241	22	18.707	22	19.792	22	26.940
23	18.025	23	19.557	23	20.692	23	28.164
24	18.809	24	20.408	24	21.591	24	29.389
25	19.593	25	21.258	25	22.491	25	30.613
26	20.376	26	22.108	26	23.390	26	31.838
27	21.160	27	22.959	27	24.290	27	33.062
28	21.944	28	23.809	28	25.190	28	34.288
29	22.727	29	24.659	29	26.089	29	35.503
30	23.511	30	25.510	30	26.989	30	36.727

CIRCONFÉRENCE DE 94 POUCES = A 7 P. 10 P.,

PRODUIT RÉDUIT AU GRAND CENT.

DÉDUCTION FAITE DU						SANS	
CINQUIÈME.		SIXIÈME.		SEPTIÈME.		DÉDUCTION.	
LONG.	PRODUIT.	LONG.	PRODUIT.	LONG.	PRODUIT.	LONG.	PRODUIT.
pieds	solives.	pieds	solives.	pieds	solives	pieds	solives.
1	0.818	1	0.888	1	0.939	1	1.278
2	1.636	2	1.776	2	1.878	2	2.557
3	2.454	3	2.663	3	2.818	3	3.835
4	3.273	4	3.551	4	3.757	4	5.113
5	4.091	5	4.439	5	4.696	5	6.392
6	4.909	6	5.327	6	5.635	6	7.670
7	5.727	7	6.214	7	6.574	7	8.948
8	6.545	8	7.102	8	7.514	8	10.227
9	7.363	9	7.990	9	8.453	9	11.505
10	8.181	10	8.878	10	9.392	10	12.784
11	9.000	11	9.765	11	10.331	11	14.062
12	9.818	12	10.653	12	11.270	12	15.340
13	10.636	13	11.541	13	12.210	13	16.619
14	11.454	14	12.429	14	13.149	14	17.897
15	12.272	15	13.316	15	14.088	15	19.175
16	13.090	16	14.204	16	15.027	16	20.454
17	13.909	17	15.092	17	15.966	17	21.732
18	14.727	18	15.980	18	16.906	18	23.010
19	15.545	19	16.867	19	17.845	19	24.289
20	16.363	20	17.755	20	18.784	20	25.567
21	17.181	21	18.643	21	19.723	21	26.845
22	17.999	22	19.531	22	20.662	22	28.124
23	18.817	23	20.418	23	21.602	23	29.402
24	19.636	24	21.306	24	22.541	24	30.681
25	20.454	25	22.194	25	23.480	25	31.959
26	21.272	26	23.082	26	24.419	26	33.237
27	22.090	27	23.969	27	25.358	27	34.516
28	22.908	28	24.857	28	26.298	28	35.794
29	23.726	29	25.745	29	27.237	29	37.072
30	24.544	30	26.633	30	28.176	30	38.351

CIRCONFÉRENCE DE 96 POUCES = A 8 PIEDS,

PRODUIT RÉDUIT AU GRAND CENT.

DÉDUCTION FAITE DU						SANS DÉDUCTION.	
CINQUIÈME.		SIXIÈME.		SEPTIÈME.			
LONG.	PRODUIT.	LONG.	PRODUIT.	LONG.	PRODUIT.	LONG.	PRODUIT.
pieds	solives.	pieds	solives.	pieds	solives.	pieds	solives.
1	0.853	1	0.926	1	0.980	1	1.333
2	1.707	2	1.852	2	1.959	2	2.667
3	2.560	3	2.778	3	2.939	3	4.000
4	3.413	4	3.704	4	3.918	4	5.333
5	4.267	5	4.630	5	4.878	5	6.667
6	5.120	6	5.556	6	5.878	6	8.000
7	5.973	7	6.481	7	6.857	7	9.333
8	6.897	8	7.407	8	7.837	8	10.667
9	7.680	9	8.333	9	8.816	9	12.000
10	8.533	10	9.259	10	9.796	10	13.333
11	9.387	11	10.185	11	10.775	11	14.667
12	10.240	12	11.111	12	11.755	12	16.000
13	11.093	13	12.047	13	12.735	13	17.333
14	11.947	14	12.963	14	13.714	14	18.667
15	12.800	15	13.889	15	14.694	15	20.000
16	13.653	16	14.815	16	15.673	16	21.333
17	14.507	17	15.741	17	16.653	17	22.667
18	15.360	18	16.667	18	17.632	18	24.000
19	16.213	19	17.593	19	18.612	19	25.333
20	17.067	20	18.519	20	19.592	20	26.667
21	17.920	21	19.444	21	20.571	21	28.000
22	18.873	22	20.370	22	21.551	22	29.333
23	19.727	23	21.296	23	22.530	23	30.667
24	20.580	24	22.222	24	23.510	24	32.000
25	21.433	25	23.148	25	24.490	25	33.333
26	22.287	26	24.074	26	25.469	26	34.667
27	23.040	27	25.000	27	26.449	27	36.000
28	23.893	28	25.926	28	27.428	28	37.333
29	24.747	29	26.852	29	28.408	29	38.667
30	25.600	30	27.778	30	29.388	30	40.000

CIRCONFÉRENCE DE 98 POUCES = A 8 P. 2 P.,

PRODUIT RÉDUIT AU GRAND CENT.

DÉDUCTION FAITE DU						SANS DÉDUCTION.	
CINQUIÈME.		SIXIÈME.		SEPTIÈME.			
LONG.	PRODUIT.	LONG.	PRODUIT.	LONG.	PRODUIT.	LONG.	PRODUIT.
pieds	solives.	pieds	solives.	pieds	solives.	pieds	solives.
1	0.889	1	0.966	1	1.049	1	1.389
2	1.779	2	1.932	2	2.098	2	2.779
3	2.668	3	2.898	3	3.146	3	4.168
4	3.557	4	3.864	4	4.195	4	5.558
5	4.446	5	4.830	5	5.244	5	6.947
6	5.336	6	5.796	6	6.293	6	8.337
7	6.225	7	6.761	7	7.342	7	9.726
8	7.114	8	7.727	8	8.390	8	11.116
9	8.003	9	8.693	9	9.439	9	12.505
10	8.893	10	9.659	10	10.488	10	13.895
11	9.782	11	10.625	11	11.537	11	15.284
12	10.671	12	11.591	12	12.586	12	16.674
13	11.560	13	12.557	13	13.634	13	18.063
14	12.450	14	13.523	14	14.683	14	19.453
15	13.339	15	14.489	15	15.732	15	20.842
16	14.228	16	15.455	16	16.781	16	22.231
17	15.117	17	16.421	17	17.830	17	23.621
18	16.007	18	17.387	18	18.878	18	25.010
19	16.896	19	18.353	19	19.927	19	26.400
20	17.785	20	19.318	20	20.976	20	27.789
21	18.674	21	20.284	21	22.025	21	29.179
22	19.564	22	21.250	22	23.074	22	30.568
23	20.453	23	22.216	23	24.122	23	31.958
24	21.342	24	23.182	24	25.171	24	33.347
25	22.231	25	24.148	25	26.220	25	34.737
26	23.121	26	25.114	26	27.269	26	36.126
27	24.001	27	26.080	27	28.318	27	37.516
28	24.899	28	27.046	28	29.366	28	38.905
29	25.789	29	28.012	29	30.415	29	40.295
30	26.678	30	28.978	30	31.464	30	41.684

CIRCONFÉRENCE DE 100 POUCES = A 8 P. 4 P.,

PRODUIT RÉDUIT AU GRAND CENT.

DÉDUCTION FAITE DU						SANS DÉDUCTION.	
CINQUIÈME.		SIXIÈME.		SEPTIÈME.			
LONG.	PRODUIT.	LONG.	PRODUIT.	LONG.	PRODUIT.	LONG.	PRODUIT.
pieds	solives.	pieds	solives.	pieds	solives.	pieds	solives.
1	0.926	1	1.005	1	1.063	1	1.447
2	1.852	2	2.009	2	2.126	2	2.894
3	2.778	3	3.014	3	3.189	3	4.340
4	3.704	4	4.019	4	4.252	4	5.787
5	4.630	5	5.023	5	5.315	5	7.234
6	5.556	6	6.028	6	6.378	6	8.681
7	6.481	7	7.033	7	7.441	7	10.127
8	7.407	8	8.037	8	8.504	8	11.574
9	8.333	9	9.042	9	9.567	9	13.021
10	9.259	10	10.047	10	10.630	10	14.468
11	10.185	11	11.051	11	11.693	11	15.914
12	11.111	12	12.056	12	12.756	12	17.361
13	12.047	13	13.061	13	13.819	13	18.808
14	12.963	14	14.065	14	14.882	14	20.255
15	13.889	15	15.070	15	15.945	15	21.701
16	14.815	16	16.075	16	17.007	16	23.148
17	15.741	17	17.080	17	18.070	17	24.595
18	16.667	18	18.084	18	19.133	18	26.042
19	17.593	19	19.089	19	20.196	19	27.488
20	18.919	20	20.094	20	21.259	20	28.935
21	19.444	21	21.098	21	22.322	21	30.382
22	20.370	22	22.103	22	23.385	22	31.829
23	21.296	23	23.108	23	24.448	23	33.275
24	22.222	24	24.112	24	25.511	24	34.722
25	23.148	25	25.117	25	26.574	25	36.169
26	24.074	26	26.122	26	27.637	26	37.616
27	25.000	27	27.126	27	28.700	27	39.062
28	25.926	28	28.131	28	29.763	28	40.509
29	26.852	29	29.136	29	30.826	29	41.956
30	27.778	30	30.140	30	31.889	30	43.403

CIRCONFÉRENCE DE 102 POUCES = A 8 P. 6 P.,

PRODUIT RÉDUIT AU GRAND CENT.

DÉDUCTION FAITE DU						SANS DÉDUCTION.	
CINQUIÈME.		SIXIÈME.		SEPTIÈME.			
LONG.	PRODUIT.	LONG.	PRODUIT.	LONG.	PRODUIT.	LONG.	PRODUIT.
pieds	solives.	pieds	solives.	pieds	solives.	pieds	solives.
1	0.973	1	1.045	1	1.104	1	1.505
2	1.946	2	2.091	2	2.208	2	3.010
3	2.918	3	3.136	3	3.312	3	4.516
4	3.891	4	4.181	4	4.416	4	6.021
5	4.864	5	5.226	5	5.520	5	7.526
6	5.837	6	6.272	6	6.624	6	9.031
7	6.810	7	7.317	7	7.728	7	10.536
8	7.782	8	8.362	8	8.832	8	12.042
9	8.755	9	9.408	9	9.935	9	13.547
10	9.728	10	10.453	10	11.039	10	15.052
11	10.701	11	11.498	11	12.143	11	16.557
12	11.674	12	12.543	12	13.247	12	18.063
13	12.646	13	13.589	13	14.351	13	19.568
14	13.619	14	14.634	14	15.455	14	21.073
15	14.592	15	15.679	15	16.559	15	22.578
16	15.565	16	16.724	16	17.663	16	24.083
17	16.538	17	17.770	17	18.767	17	25.589
18	17.510	18	18.815	18	19.871	18	27.094
19	18.483	19	19.860	19	20.975	19	28.599
20	19.456	20	20.906	20	22.079	20	30.104
21	20.429	21	21.951	21	23.183	21	31.609
22	21.402	22	22.996	22	24.287	22	33.115
23	22.374	23	24.041	23	25.391	23	34.620
24	23.347	24	25.087	24	26.495	24	36.125
25	24.320	25	26.132	25	27.599	25	37.630
26	25.293	26	27.177	26	28.702	26	39.135
27	26.266	27	28.223	27	29.806	27	40.641
28	27.238	28	29.268	28	30.910	28	42.146
29	28.211	29	30.313	29	32.014	29	43.651
30	29.184	30	31.358	30	33.118	30	45.156

CIRCONFÉRENCE DE 104 POUCES = A 8 P. 8 P.,

PRODUIT RÉDUIT AU GRAND CENT.

DÉDUCTION FAITE DU						SANS DÉDUCTION.	
CINQUIÈME.		SIXIÈME.		SEPTIÈME.			
LONG.	PRODUIT.	LONG.	PRODUIT.	LONG.	PRODUIT.	LONG.	PRODUIT.
pieds	solives.	pieds	solives.	pieds	solives.	pieds	solives.
1	1.001	1	1.086	1	1.149	1	1.565
2	2.003	2	2.173	2	2.299	2	3.130
3	3.004	3	3.259	3	3.448	3	4.694
4	4.006	4	4.345	4	4.598	4	6.259
5	5.007	5	5.432	5	5.747	5	7.824
6	6.009	6	6.518	6	6.897	6	9.389
7	7.010	7	7.604	7	8.046	7	10.954
8	8.012	8	8.691	8	9.195	8	12.519
9	9.013	9	9.777	9	10.345	9	14.083
10	10.015	10	10.863	10	11.494	10	15.648
11	11.016	11	11.950	11	12.644	11	17.213
12	12.018	12	13.036	12	13.793	12	18.778
13	13.019	13	14.122	13	14.943	13	20.343
14	14.021	14	15.209	14	16.092	14	21.907
15	15.022	15	16.295	15	17.241	15	23.472
16	16.024	16	17.381	16	18.391	16	25.037
17	17.025	17	18.468	17	19.540	17	26.602
18	18.027	18	19.554	18	20.690	18	28.167
19	19.028	19	20.641	19	21.839	19	29.731
20	20.030	20	21.727	20	22.989	20	31.296
21	21.031	21	22.813	21	24.138	21	32.861
22	22.033	22	23.900	22	25.287	22	34.426
23	23.034	23	24.986	23	26.437	23	35.991
24	24.036	24	26.072	24	27.586	24	37.556
25	25.037	25	27.159	25	28.736	25	39.120
26	26.039	26	28.245	26	29.885	26	40.685
27	27.040	27	29.331	27	31.035	27	42.250
28	28.041	28	30.418	28	32.184	28	43.815
29	29.043	29	31.504	29	33.333	29	45.380
30	30.044	30	32.590	30	34.483	30	46.944

CIRCONFÉRENCE DE 106 POUCES = A 8 P. 10 P.,

PRODUIT RÉDUIT AU GRAND CENT.

DÉDUCTION FAITE DU						SANS DÉDUCTION.	
CINQUIÈME.		SIXIÈME.		SEPTIÈME.			
LONG.	PRODUIT.	LONG.	PRODUIT.	LONG.	PRODUIT.	LONG.	PRODUIT.
pieds	solives.	pieds	solives.	pieds	solives.	pieds	solives.
1	1.040	1	1.129	1	1.194	1	1.626
2	2.081	2	2.258	2	2.389	2	3.251
3	3.121	3	3.387	3	3.583	3	4.877
4	4.161	4	4.515	4	4.777	4	6.502
5	5.202	5	5.644	5	5.972	5	8.128
6	6.242	6	6.773	6	7.166	6	9.753
7	7.283	7	7.902	7	8.360	7	11.379
8	8.323	8	9.031	8	9.554	8	13.005
9	9.363	9	10.160	9	10.749	9	14.630
10	10.404	10	11.289	10	11.943	10	16.256
11	11.444	11	12.418	11	13.137	11	17.881
12	12.484	12	13.546	12	14.332	12	19.507
13	13.525	13	14.675	13	15.526	13	21.133
14	14.565	14	15.804	14	16.720	14	22.758
15	15.606	15	16.933	15	17.915	15	24.384
16	16.646	16	18.062	16	19.109	16	26.009
17	17.686	17	19.191	17	20.303	17	27.635
18	18.727	18	20.320	18	21.497	18	29.260
19	19.767	19	21.449	19	22.692	19	30.886
20	20.807	20	22.577	20	23.886	20	32.512
21	21.848	21	23.706	21	25.080	21	34.137
22	22.888	22	24.835	22	26.275	22	35.763
23	23.929	23	25.964	23	27.469	23	37.388
24	24.969	24	27.093	24	28.663	24	39.014
25	26.009	25	28.222	25	29.858	25	40.639
26	27.050	26	29.351	26	31.052	26	42.265
27	28.090	27	30.480	27	32.246	27	43.891
28	29.130	28	31.608	28	33.441	28	45.516
29	30.171	29	32.737	29	34.635	29	47.142
30	31.121	30	33.866	30	35.829	30	48.767

CIRCONFÉRENCE DE 108 POUCES = A 9 PIEDS,

PRODUIT RÉDUIT AU GRAND CENT.

DÉDUCTION FAITE DU						SANS DÉDUCTION.	
CINQUIÈME.		SIXIÈME.		SEPTIÈME.			
LONG.	PRODUIT.	LONG.	PRODUIT.	LONG.	PRODUIT.	LONG.	PRODUIT.
pieds	solives.	pieds	solives.	pieds	solives.	pieds	solives.
1	1.080	1	1.172	1	1.240	1	1.688
2	2.160	2	2.344	2	2.480	2	3.375
3	3.240	3	3.516	3	3.719	3	5.063
4	4.320	4	4.688	4	4.959	4	6.750
5	5.400	5	5.859	5	6.199	5	8.438
6	6.480	6	7.031	6	7.439	6	10.125
7	7.560	7	8.203	7	8.679	7	11.813
8	8.640	8	9.375	8	9.918	8	13.500
9	9.720	9	10.547	9	11.158	9	15.188
10	10.800	10	11.719	10	12.398	10	16.875
11	11.880	11	12.891	11	13.638	11	18.563
12	12.960	12	14.063	12	14.878	12	20.250
13	14.040	13	15.234	13	16.117	13	21.938
14	15.120	14	16.406	14	17.357	14	23.625
15	16.200	15	17.578	15	18.597	15	25.313
16	17.280	16	18.750	16	19.837	16	27.000
17	18.360	17	19.922	17	21.076	17	28.688
18	19.440	18	21.094	18	22.316	18	30.375
19	20.520	19	22.266	19	23.556	19	32.063
20	21.600	20	23.438	20	24.796	20	33.750
21	22.680	21	24.609	21	26.036	21	35.438
22	23.760	22	25.781	22	27.275	22	37.125
23	24.840	23	26.953	23	28.515	23	38.813
24	25.920	24	28.125	24	29.755	24	40.500
25	27.000	25	29.297	25	30.995	25	42.188
26	28.080	26	30.469	26	32.235	26	43.875
27	29.160	27	31.641	27	33.474	27	45.563
28	30.240	28	32.813	28	34.714	28	47.250
29	31.320	29	33.984	29	35.954	29	48.938
30	32.400	30	35.156	30	37.194	30	50.625

CIRCONFÉRENCE DE 110 POUCES = A 9 P. 2 P.,

PRODUIT RÉDUIT AU GRAND CENT.

DÉDUCTION FAITE DU						SANS DÉDUCTION.	
CINQUIÈME.		SIXIÈME.		SEPTIÈME.			
LONG.	PRODUIT.	LONG.	PRODUIT.	LONG.	PRODUIT.	LONG.	PRODUIT.
pieds	solives.	pieds	solives.	pieds	solives.	pieds	solives.
1	1.120	1	1.216	1	1.286	1	1.751
2	2.241	2	2.431	2	2.572	2	3.501
3	3.361	3	3.647	3	3.858	3	5.252
4	4.481	4	4.863	4	5.145	4	7.002
5	5.602	5	6.078	5	6.431	5	8.753
6	6.722	6	7.294	6	7.717	6	10.503
7	7.843	7	8.510	7	9.003	7	12.254
8	8.963	8	9.725	8	10.289	8	14.005
9	10.083	9	10.941	9	11.575	9	15.755
10	11.204	10	12.157	10	12.861	10	17.506
11	12.324	11	13.372	11	14.148	11	19.256
12	13.444	12	14.588	12	15.434	12	21.007
13	14.565	13	15.804	13	16.720	13	22.758
14	15.685	14	17.019	14	18.006	14	24.508
15	16.806	15	18.235	15	19.292	15	26.259
16	17.926	16	19.451	16	20.578	16	28.009
17	19.046	17	20.666	17	21.864	17	29.760
18	20.167	18	21.882	18	23.151	18	31.510
19	21.287	19	23.098	19	24.437	19	33.261
20	22.407	20	24.313	20	25.723	20	35.012
21	23.528	21	25.529	21	27.009	21	36.762
22	24.648	22	26.745	22	28.295	22	38.513
23	25.769	23	27.904	23	29.581	23	40.263
24	26.889	24	29.176	24	30.867	24	42.014
25	28.009	25	30.392	25	32.154	25	43.764
26	29.130	26	31.607	26	33.440	26	45.515
27	30.250	27	32.823	27	34.726	27	47.266
28	31.370	28	34.039	28	36.012	28	49.016
29	32.491	29	35.254	29	37.298	29	50.767
30	33.611	30	36.470	30	38.584	30	52.517

CIRCONFÉRENCE DE 112 POUCES = A 9 P. 4 P.,

PRODUIT RÉDUIT AU GRAND CENT.

DÉDUCTION FAITE DU						SANS	
CINQUIÈME.		SIXIÈME.		SEPTIÈME.		DÉDUCTION.	
LONG.	PRODUIT.	LONG.	PRODUIT.	LONG.	PRODUIT.	LONG.	PRODUIT.
pieds	solives.	pieds	solives.	pieds	solives.	pieds	solives.
1	1.161	1	1.260	1	1.333	1	1.815
2	2.323	2	2.521	2	2.667	2	3.630
3	3.484	3	3.781	3	4.000	3	5.444
4	4.646	4	5.041	4	5.333	4	7.259
5	5.807	5	6.301	5	6.667	5	9.074
6	6.969	6	7.562	6	8.000	6	10.889
7	8.130	7	8.822	7	9.333	7	12.704
8	9.292	8	10.082	8	10.667	8	14.519
9	10.453	9	11.342	9	12.000	9	16.333
10	11.615	10	12.603	10	13.333	10	18.148
11	12.776	11	13.863	11	14.667	11	19.963
12	13.938	12	15.123	12	16.000	12	21.778
13	15.099	13	16.384	13	17.333	13	23.593
14	16.261	14	17.644	14	18.667	14	25.407
15	17.422	15	18.904	15	20.000	15	27.222
16	18.584	16	20.164	16	21.333	16	29.037
17	19.745	17	21.425	17	22.667	17	30.852
18	20.907	18	22.685	18	24.000	18	32.667
19	22.068	19	23.945	19	25.333	19	34.481
20	23.230	20	25.205	20	26.667	20	36.296
21	24.391	21	26.466	21	28.000	21	38.111
22	25.553	22	27.726	22	29.333	22	39.926
23	26.714	23	28.986	23	30.667	23	41.741
24	27.876	24	30.246	24	32.000	24	43.556
25	29.037	25	31.507	25	33.333	25	45.370
26	30.199	26	32.767	26	34.667	26	47.185
27	31.360	27	34.027	27	36.000	27	49.000
28	32.522	28	35.288	28	37.333	28	50.815
29	33.683	29	36.548	29	38.667	29	52.630
30	34.844	30	37.808	30	40.000	30	54.444

CIRCONFÉRENCE DE 114 POUCES = A 9 P. 6 P.,

PRODUIT RÉDUIT AU GRAND CENT.

DÉDUCTION FAITE DU						SANS DÉDUCTION.	
CINQUIÈME.		SIXIÈME.		SEPTIÈME.			
LONG.	PRODUIT.	LONG.	PRODUIT.	LONG.	PRODUIT.	LONG.	PRODUIT.
pieds	solives.	pieds	solives.	pieds	solives.	pieds	solives.
1	1.203	1	1.306	1	1.381	1	1.880
2	2.407	2	2.611	2	2.763	2	3.760
3	3.610	3	3.917	3	4.144	3	5.641
4	4.813	4	5.223	4	5.526	4	7.521
5	6.017	5	6.529	5	6.907	5	9.401
6	7.220	6	7.834	6	8.288	6	11.281
7	8.423	7	9.140	7	9.670	7	13.161
8	9.627	8	10.446	8	11.051	8	15.042
9	10.830	9	11.751	9	12.432	9	16.922
10	12.033	10	13.057	10	13.814	10	18.802
11	13.237	11	14.363	11	15.195	11	20.682
12	14.440	12	15.668	12	16.577	12	22.562
13	15.643	13	16.974	13	17.958	13	24.443
14	16.847	14	18.280	14	19.339	14	26.323
15	18.050	15	19.486	15	20.721	15	28.203
16	19.253	16	20.891	16	22.102	16	30.083
17	20.457	17	22.197	17	23.483	17	31.964
18	21.660	18	23.503	18	24.865	18	33.844
19	22.863	19	24.808	19	26.246	19	35.724
20	24.067	20	26.114	20	27.628	20	37.604
21	25.270	21	27.420	21	29.009	21	39.484
22	26.473	22	28.726	22	30.390	22	41.365
23	27.677	23	30.032	23	31.772	23	43.245
24	28.880	24	31.338	24	33.153	24	45.125
25	30.083	25	32.643	25	34.535	25	47.005
26	31.287	26	33.949	26	35.916	26	48.885
27	32.490	27	35.255	27	37.297	27	50.766
28	33.693	28	36.560	28	38.679	28	52.646
29	34.897	29	37.866	29	40.060	29	54.526
30	36.100	30	39.172	30	41.441	30	56.406

CIRCONFÉRENCE DE 116 POUCES = A 9 P. 8 P.,

PRODUIT RÉDUIT AU GRAND CENT.

DÉDUCTION FAITE DU						SANS DÉDUCTION.	
CINQUIÈME.		SIXIÈME.		SEPTIÈME.			
LONG.	PRODUIT.	LONG.	PRODUIT.	LONG.	PRODUIT.	LONG.	PRODUIT.
pieds	solives.	pieds	solives.	pieds	solives.	pieds	solives.
1	1.246	1	1.342	1	1.430	1	1.947
2	2.492	2	2.684	2	2.861	2	3.893
3	3.738	3	4.026	3	4.291	3	5.840
4	4.984	4	5.368	4	5.721	4	7.786
5	6.230	5	6.709	5	7.151	5	9.733
6	7.476	6	8.051	6	8.582	6	11.679
7	8.721	7	9.393	7	10.012	7	13.626
8	9.967	8	10.735	8	11.442	8	15.573
9	11.213	9	12.077	9	12.872	9	17.519
10	12.459	10	13.419	10	14.303	10	19.466
11	13.705	11	14.761	11	15.733	11	21.412
12	14.951	12	16.103	12	17.163	12	23.359
13	16.197	13	17.444	13	18.594	13	25.306
14	17.443	14	18.786	14	20.024	14	27.252
15	18.689	15	20.128	15	21.454	15	29.199
16	19.935	16	21.470	16	22.884	16	31.145
17	21.181	17	22.812	17	24.315	17	33.092
18	22.427	18	24.154	18	25.745	18	35.039
19	23.673	19	25.496	19	27.176	19	36.985
20	24.919	20	26.837	20	28.605	20	38.932
21	26.164	21	28.179	21	30.036	21	40.878
22	27.410	22	29.521	22	31.466	22	42.825
23	28.656	23	30.863	23	32.896	23	44.772
24	29.901	24	32.205	24	34.327	24	46.718
25	31.147	25	33.547	25	35.757	25	48.665
26	32.393	26	34.889	26	37.187	26	50.611
27	33.639	27	36.231	27	38.617	27	52.558
28	34.885	28	37.573	28	40.048	28	54.505
29	36.131	29	38.914	29	41.478	29	56.451
30	37.377	30	40.256	30	42.908	30	58.397

CIRCONFÉRENCE DE 118 POUCES = A 9 P. 10 P.,

PRODUIT RÉDUIT AU GRAND CENT.

DÉDUCTION FAITE DU						SANS DÉDUCTION.	
CINQUIÈME.		SIXIÈME.		SEPTIÈME.			
LONG.	PRODUIT.	LONG.	PRODUIT.	LONG.	PRODUIT.	LONG.	PRODUIT.
pieds	solives.	pieds	solives.	pieds	solives.	pieds	solives.
1	1.289	1	1.399	1	1.480	1	2.014
2	2.579	2	2.788	2	2.960	2	4.029
3	3.878	3	4.197	3	4.440	3	6.043
4	5.157	4	5.596	4	5.920	4	8.058
5	6.446	5	6.995	5	7.400	5	10.072
6	7.736	6	8.394	6	8.880	6	12.087
7	9.025	7	9.793	7	10.360	7	14.101
8	10.314	8	11.192	8	11.840	8	16.116
9	11.603	9	12.491	9	13.320	9	18.130
10	12.893	10	13.990	10	14.800	10	20.145
11	14.182	11	15.389	11	16.280	11	22.159
12	15.471	12	16.788	12	17.760	12	24.174
13	16.760	13	18.187	13	19.240	13	26.188
14	18.050	14	19.586	14	20.720	14	28.203
15	19.339	15	20.985	15	22.200	15	30.217
16	20.628	16	22.384	16	23.680	16	32.231
17	21.917	17	23.783	17	25.160	17	34.246
18	23.207	18	25.182	18	26.640	18	36.260
19	24.496	19	26.581	19	28.120	19	38.275
20	25.785	20	27.980	20	29.600	20	40.289
21	27.074	21	29.379	21	31.080	21	42.304
22	28.364	22	30.778	22	32.560	22	44.318
23	29.653	23	32.177	23	34.040	23	46.333
24	30.942	24	33.576	24	35.520	24	48.347
25	32.231	25	34.975	25	37.000	25	50.362
26	33.521	26	36.374	26	38.480	26	52.376
27	34.810	27	37.773	27	39.960	27	54.391
28	36.099	28	39.172	28	41.440	28	56.405
29	37.389	29	40.571	29	42.920	29	58.420
30	38.678	30	41.970	30	44.400	30	60.434

CIRCONFÉRENCE DE 120 POUCES = A 10 PIEDS,

PRODUIT RÉDUIT AU GRAND CENT.

DÉDUCTION FAITE DU						SANS DÉDUCTION.	
CINQUIÈME.		SIXIÈME.		SEPTIÈME.			
LONG.	PRODUIT.	LONG.	PRODUIT.	LONG.	PRODUIT.	LONG.	PRODUIT.
pieds	solives.	pieds	solives.	pieds	solives.	pieds	solives.
1	1.333	1	1.447	1	1.497	1	2.083
2	2.667	2	2.894	2	2.993	2	4.167
3	4.000	3	4.340	3	4.490	3	6.250
4	5.333	4	5.787	4	5.986	4	8.333
5	6.667	5	7.234	5	7.483	5	10.417
6	8.000	6	8.681	6	8.980	6	12.500
7	9.333	7	10.127	7	10.476	7	14.583
8	10.667	8	11.574	8	11.973	8	16.667
9	12.000	9	13.021	9	13.469	9	18.750
10	13.333	10	14.468	10	14.966	10	20.833
11	14.667	11	15.914	11	16.463	11	22.917
12	16.000	12	17.361	12	17.959	12	25.000
13	17.333	13	18.808	13	19.456	13	27.083
14	18.667	14	20.255	14	20.952	14	29.167
15	20.000	15	21.701	15	22.449	15	31.250
16	21.333	16	23.148	16	23.946	16	33.333
17	22.667	17	24.595	17	25.442	17	35.417
18	24.000	18	26.042	18	26.939	18	37.500
19	25.333	19	27.488	19	28.435	19	39.583
20	26.667	20	28.935	20	29.932	20	41.667
21	28.000	21	30.382	21	31.428	21	43.750
22	29.333	22	31.829	22	32.925	22	45.833
23	30.667	23	33.275	23	34.422	23	47.917
24	32.000	24	34.722	24	35.918	24	50.000
25	33.333	25	36.169	25	37.415	25	52.083
26	34.667	26	37.616	26	38.911	26	54.167
27	36.000	27	39.062	27	40.408	27	56.250
28	37.333	28	40.509	28	41.905	28	58.333
29	38.667	29	41.956	29	43.401	29	60.417
30	40.000	30	43.403	30	44.898	30	62.500

CIRCONFÉRENCE DE 122 POUCES = A 10 P. 2 P.,

PRODUIT RÉDUIT AU GRAND CENT.

DÉDUCTION FAITE DU						SANS DÉDUCTION.	
CINQUIÈME.		SIXIÈME.		SEPTIÈME.			
LONG.	PRODUIT.	LONG.	PRODUIT.	LONG.	PRODUIT.	LONG.	PRODUIT.
pieds	solives.	pieds	solives.	pieds	solives.	pieds	solives.
1	1.378	1	1.495	1	1.582	1	2.153
2	2.756	2	2.991	2	3.164	2	4.307
3	4.134	3	4.486	3	4.746	3	6.460
4	5.513	4	5.981	4	6.328	4	8.613
5	6.891	5	7.477	5	7.910	5	10.767
6	8.269	6	8.972	6	9.492	6	12.920
7	9.647	7	10.467	7	11.075	7	15.073
8	11.025	8	11.962	8	12.657	8	17.227
9	12.403	9	13.458	9	14.239	9	19.380
10	13.781	10	14.953	10	15.821	10	21.534
11	15.160	11	16.448	11	17.403	11	23.687
12	16.438	12	17.944	12	18.985	12	25.840
13	17.816	13	19.439	13	20.567	13	27.994
14	19.194	14	20.934	14	22.149	14	30.147
15	20.672	15	22.430	15	23.731	15	32.300
16	22.050	16	23.925	16	25.313	16	34.454
17	23.429	17	25.420	17	26.895	17	36.607
18	24.807	18	26.916	18	28.477	18	38.760
19	26.185	19	28.411	19	30.059	19	40.914
20	27.563	20	29.906	20	31.641	20	43.067
21	28.941	21	31.401	21	33.224	21	45.220
22	30.319	22	32.897	22	34.806	22	47.374
23	31.797	23	34.392	23	36.388	23	49.527
24	33.176	24	35.887	24	37.970	24	51.681
25	34.554	25	37.383	25	39.552	25	53.834
26	35.932	26	38.878	26	41.134	26	55.987
27	37.310	27	40.373	27	42.716	27	58.141
28	38.688	28	41.869	28	44.398	28	60.294
29	40.066	29	43.364	29	45.880	29	62.447
30	41.344	30	44.859	30	47.462	30	64.601

CIRCONFÉRENCE DE 124 POUCES = A 10 P. 4 P.,

PRODUIT RÉDUIT AU GRAND CENT.

DÉDUCTION FAITE DU						SANS DÉDUCTION.	
CINQUIÈME.		SIXIÈME.		SEPTIÈME.			
LONG.	PRODUIT.	LONG.	PRODUIT.	LONG.	PRODUIT.	LONG.	PRODUIT.
pieds	solives.	pieds	solives.	pieds	solives.	pieds	solives.
1	1.424	1	1.545	1	1.617	1	2.225
2	2.847	2	3.090	2	3.234	2	4.449
3	4.271	3	4.634	3	4.850	3	6.674
4	5.695	4	6.179	4	6.467	4	8.898
5	7.119	5	7.724	5	8.084	5	11.123
6	8.542	6	9.269	6	9.701	6	13.347
7	9.966	7	10.814	7	11.318	7	15.572
8	11.390	8	12.358	8	12.935	8	17.796
9	12.813	9	13.903	9	14.551	9	20.021
10	14.237	10	15.448	10	16.168	10	22.245
11	15.661	11	16.993	11	17.785	11	24.470
12	17.084	12	18.538	12	19.402	12	26.694
13	18.508	13	20.082	13	21.019	13	28.919
14	19.932	14	21.627	14	22.636	14	31.144
15	21.356	15	23.172	15	24.252	15	33.368
16	22.779	16	24.717	16	25.869	16	35.593
17	24.203	17	26.262	17	27.486	17	37.817
18	25.627	18	27.806	18	29.103	18	40.042
19	27.050	19	29.351	19	30.720	19	42.266
20	28.474	20	30.896	20	32.337	20	44.491
21	29.898	21	32.441	21	33.953	21	46.715
22	31.321	22	33.986	22	35.570	22	48.940
23	32.745	23	35.530	23	37.187	23	51.164
24	34.169	24	37.075	24	38.804	24	53.389
25	35.593	25	38.620	25	40.421	25	55.613
26	37.016	26	40.165	26	42.038	26	57.838
27	38.440	27	41.710	27	43.654	27	60.062
28	39.863	28	43.254	28	45.271	28	62.287
29	41.287	29	44.799	29	46.888	29	64.512
30	42.711	30	46.344	30	48.505	30	66.736

CIRCONFÉRENCE DE 126 POUCES = A 10 P. 6 P.,

PRODUIT RÉDUIT AU GRAND CENT.

DÉDUCTION FAITE DU						SANS DÉDUCTION.	
CINQUIÈME.		SIXIÈME.		SEPTIÈME.			
LONG.	PRODUIT.	LONG.	PRODUIT.	LONG.	PRODUIT.	LONG.	PRODUIT.
pieds	solives.	pieds	solives.	pieds	solives.	pieds	solives.
1	1.470	1	1.595	1	1.688	1	2.297
2	2.940	2	3.190	2	3.375	2	4.594
3	4.410	3	4.785	3	5.063	3	6.891
4	5.880	4	6.380	4	6.750	4	9.188
5	7.350	5	7.975	5	8.438	5	11.484
6	8.820	6	9.570	6	10.125	6	13.781
7	10.290	7	11.165	7	11.813	7	16.078
8	11.760	8	12.760	8	13.500	8	18.375
9	13.230	9	14.355	9	15.188	9	20.672
10	14.700	10	15.951	10	16.875	10	22.969
11	16.170	11	17.546	11	18.563	11	25.266
12	17.640	12	19.141	12	20.250	12	27.563
13	19.110	13	20.736	13	21.938	13	29.859
14	20.580	14	22.331	14	23.625	14	32.156
15	22.050	15	23.926	15	25.313	15	34.453
16	23.520	16	25.521	16	27.000	16	36.750
17	24.990	17	27.116	17	28.688	17	39.047
18	26.460	18	28.711	18	30.375	18	41.344
19	27.930	19	30.306	19	32.063	19	43.641
20	29.400	20	31.901	20	33.750	20	45.938
21	30.870	21	33.496	21	35.438	21	48.234
22	32.340	22	35.091	22	37.125	22	50.531
23	33.810	23	36.686	23	38.813	23	52.828
24	35.280	24	38.281	24	40.500	24	55.125
25	36.750	25	39.876	25	42.188	25	57.422
26	38.220	26	41.471	26	43.875	26	59.719
27	39.690	27	43.067	27	45.563	27	62.016
28	41.160	28	44.662	28	47.250	28	64.313
29	42.630	29	46.258	29	48.938	29	66.609
30	44.100	30	47.853	30	50.625	30	68.906

CIRCONFÉRENCE DE 128 POUCES = A 10 P. 8 P.,

PRODUIT RÉDUIT AU GRAND CENT.

DÉDUCTION FAITE DU CINQUIÈME.		SIXIÈME.		SEPTIÈME.		SANS DÉDUCTION.	
LONG.	PRODUIT.	LONG.	PRODUIT.	LONG.	PRODUIT.	LONG.	PRODUIT
pieds	solives.	pieds	solives.	pieds	solives.	pieds	solives.
1	1.517	1	1.646	1	1.741	1	2.370
2	3.034	2	3.291	2	3.483	2	4.741
3	4.551	3	4.937	3	5.224	3	7.111
4	6.068	4	6.583	4	6.966	4	9.481
5	7.585	5	8.229	5	8.707	5	11.852
6	9.102	6	9.874	6	10.449	6	14.222
7	10.619	7	11.520	7	12.190	7	16.593
8	12.136	8	13.166	8	13.932	8	18.963
9	13.653	9	14.811	9	15.673	9	21.333
10	15.170	10	16.457	10	17.415	10	23.704
11	16.687	11	18.103	11	19.156	11	26.074
12	18.204	12	19.748	12	20.898	12	28.444
13	19.721	13	21.394	13	22.639	13	30.815
14	21.239	14	23.040	14	24.381	14	33.185
15	22.756	15	24.685	15	26.122	15	35.556
16	24.273	16	26.331	16	27.864	16	37.926
17	25.790	17	27.977	17	29.605	17	40.296
18	27.307	18	29.623	18	31.347	18	42.667
19	28.824	19	31.668	19	33.088	19	45.037
20	30.341	20	32.914	20	34.830	20	47.407
21	31.858	21	34.560	21	36.571	21	49.778
22	33.375	22	36.205	22	38.313	22	52.148
23	34.892	23	37.851	23	40.054	23	54.519
24	36.409	24	39.497	24	41.796	24	56.889
25	37.926	25	41.143	25	43.537	25	59.259
26	39.443	26	42.788	26	45.279	26	61.630
27	40.960	27	44.434	27	47.020	27	64.000
28	42.477	28	46.080	28	48.762	28	66.370
29	43.994	29	47.725	29	50.503	29	68.741
30	45.511	30	49.371	30	52.245	30	71.111

CIRCONFÉRENCE DE 130 POUCES = A 10 P. 10 P.,

PRODUIT RÉDUIT AU GRAND CENT.

DÉDUCTION FAITE DU						SANS DÉDUCTION.	
CINQUIÈME.		SIXIÈME.		SEPTIÈME.			
LONG.	PRODUIT.	LONG.	PRODUIT.	LONG.	PRODUIT.	LONG.	PRODUIT.
pieds	solives.	pieds	solives.	pieds	solives.	pieds	solives.
1	1.565	1	1.698	1	1.796	1	2.445
2	3.130	2	3.396	2	3.592	2	4.890
3	4.694	3	5.094	3	5.389	3	7.335
4	6.259	4	6.792	4	7.185	4	9.780
5	7.824	5	8.490	5	8.981	5	12.225
6	9.389	6	10.188	6	10.777	6	14.670
7	10.954	7	11.886	7	12.574	7	17.115
8	12.519	8	13.583	8	14.370	8	19.560
9	14.083	9	15.281	9	16.166	9	22.005
10	15.648	10	16.979	10	17.962	10	24.450
11	17.213	11	18.677	11	19.759	11	26.895
12	18.778	12	20.375	12	21.555	12	29.340
13	20.343	13	22.073	13	23.351	13	31.785
14	21.907	14	23.771	14	25.147	14	34.230
15	23.472	15	25.469	15	26.944	15	36.675
16	25.037	16	27.167	16	28.740	16	39.120
17	26.602	17	28.865	17	30.536	17	41.565
18	28.167	18	30.563	18	32.332	18	44.010
19	29.731	19	32.261	19	34.128	19	46.455
20	31.296	20	33.959	20	35.925	20	48.900
21	32.861	21	35.657	21	37.721	21	51.345
22	34.426	22	37.354	22	39.517	22	53.791
23	35.991	23	39.052	23	41.313	23	56.236
24	37.556	24	40.750	24	43.110	24	58.681
25	39.120	25	42.448	25	44.906	25	61.126
26	40.685	26	44.146	26	46.702	26	63.571
27	42.250	27	45.844	27	48.498	27	66.016
28	43.815	28	47.542	28	50.295	28	68.461
29	45.380	29	49.240	29	52.091	29	70.906
30	46.944	30	50.938	30	53.887	30	73.351

CIRCONFÉRENCE DE 132 POUCES = A 11 PIEDS,

PRODUIT RÉDUIT AU GRAND CENT.

DÉDUCTION FAITE DU						SANS DÉDUCTION.	
CINQUIÈME.		SIXIÈME.		SEPTIÈME.			
LONG.	PRODUIT.	LONG.	PRODUIT.	LONG.	PRODUIT.	LONG.	PRODUIT.
pieds	solives.	pieds	solives.	pieds	solives.	pieds	solives.
1	1.626	1	1.751	1	1.852	1	2.521
2	3.251	2	3.501	2	3.704	2	5.042
3	4.877	3	5.252	3	5.556	3	7.563
4	6.502	4	7.002	4	7.408	4	10.083
5	8.128	5	8.753	5	9.260	5	12.604
6	9.753	6	10.503	6	11.112	6	15.125
7	11.379	7	12.254	7	12.964	7	17.646
8	13.005	8	14.005	8	14.816	8	20.167
9	14.630	9	15.755	9	16.668	9	22.688
10	16.256	10	17.506	10	18.520	10	25.208
11	17.881	11	19.256	11	20.372	11	27.729
12	19.507	12	21.007	12	22.224	12	30.250
13	21.133	13	22.758	13	24.077	13	32.771
14	22.758	14	24.508	14	25.929	14	35.292
15	24.384	15	26.259	15	27.781	15	37.813
16	26.009	16	28.009	16	29.633	16	40.333
17	27.635	17	29.760	17	31.485	17	42.854
18	29.260	18	31.510	18	33.337	18	45.375
19	30.886	19	33.261	19	35.189	19	47.896
20	32.512	20	35.012	20	37.041	20	50.417
21	34.137	21	36.762	21	38.893	21	52.938
22	35.763	22	38.513	22	40.745	22	55.458
23	37.388	23	40.263	23	42.597	23	57.979
24	39.014	24	42.014	24	44.449	24	60.500
25	40.639	25	43.764	25	46.301	25	63.021
26	42.265	26	45.515	26	48.153	26	65.542
27	43.891	27	47.266	27	50.005	27	68.063
28	45.516	28	49.016	28	51.857	28	70.583
29	47.142	29	50.767	29	53.709	29	73.104
30	48.767	30	52.517	30	55.561	30	75.625

CIRCONFÉRENCE DE 134 POUCES = A 11 P. 2 P.,

PRODUIT RÉDUIT AU GRAND CENT,

DÉDUCTION FAITE DU						SANS	
CINQUIÈME.		SIXIÈME.		SEPTIÈME.		DÉDUCTION.	
LONG.	PRODUIT.	LONG.	PRODUIT.	LONG.	PRODUIT.	LONG.	PRODUIT.
pieds	solives.	pieds	solives.	pieds	solives.	pieds	solives.
1	1.663	1	1.804	1	1.909	1	2.598
2	3.325	2	3.608	2	3.817	2	5.196
3	4.988	3	5.412	3	5.726	3	7.793
4	6.650	4	7.216	4	7.634	4	10.391
5	8.313	5	9.020	5	9.543	5	12.989
6	9.976	6	10.824	6	11.452	6	15.587
7	11.638	7	12.628	7	13.360	7	18.185
8	13.301	8	14.432	8	15.269	8	20.782
9	14.963	9	16.236	9	17.177	9	23.380
10	16.626	10	18.040	10	19.086	10	25.978
11	18.289	11	19.844	11	20.995	11	28.576
12	19.951	12	21.648	12	22.903	12	31.174
13	21.614	13	23.452	13	24.812	13	33.771
14	23.276	14	25.256	14	26.720	14	36.369
15	24.939	15	27.060	15	28.629	15	38.967
16	26.601	16	28.864	16	30.537	16	41.565
17	28.264	17	30.668	17	32.446	17	44.163
18	29.927	18	32.472	18	34.355	18	46.760
19	31.589	19	34.276	19	36.263	19	49.358
20	33.252	20	36.080	20	38.172	20	51.956
21	34.914	21	37.884	21	40.080	21	54.554
22	36.577	22	39.689	22	41.989	22	57.152
23	38.240	23	41.493	23	43.898	23	59.749
24	39.902	24	43.297	24	45.806	24	62.347
25	41.565	25	45.101	25	47.715	25	64.945
26	43.227	26	46.905	26	49.623	26	67.543
27	44.890	27	48.709	27	51.532	27	70.141
28	46.553	28	50.513	28	53.441	28	72.738
29	48.215	29	52.317	29	55.349	29	75.336
30	49,878	30	54.121	30	57.258	30	77.934

CIRCONFÉRENCE DE 136 POUCES = A 11 P. 4 P.,

PRODUIT RÉDUIT AU GRAND CENT.

DÉDUCTION FAITE DU						SANS DÉDUCTION.	
CINQUIÈME.		SIXIÈME.		SEPTIÈME.			
LONG.	PRODUIT.	LONG.	PRODUIT.	LONG.	PRODUIT.	LONG.	PRODUIT.
pieds	solives.	pieds	solives.	pieds	solives.	pieds	solives.
1	1.713	1	1.858	1	1.974	1	2.676
2	3.425	2	3.716	2	3.947	2	5.352
3	5.138	3	5.575	3	5.921	3	8.028
4	6.850	4	7.433	4	7.895	4	10.704
5	8.563	5	9.291	5	9.869	5	13.380
6	10.276	6	11.149	6	11.842	6	16.056
7	12.988	7	13.007	7	13.816	7	18.731
8	13.701	8	14.866	8	15.790	8	21.407
9	15.413	9	16.724	9	17.763	9	24.083
10	17.126	10	18.582	10	19.737	10	26.759
11	18.839	11	20.440	11	21.711	11	29.435
12	20.551	12	22.298	12	23.684	12	32.111
13	22.264	13	24.157	13	25.658	13	34.787
14	23.976	14	26.015	14	27.632	14	37.463
15	25.689	15	27.873	15	29.606	15	40.139
16	27.401	16	29.731	16	31.579	16	42.815
17	29.114	17	31.589	17	33.553	17	45.491
18	30.827	18	33.448	18	35.527	18	48.167
19	32.539	19	35.306	19	37.500	19	50.843
20	34.252	20	37.164	20	39.474	20	53.519
21	35.964	21	39.022	21	41.448	21	56.194
22	37.677	22	40.880	22	43.421	22	58.870
23	39.390	23	42.739	23	45.395	23	61.546
24	41.102	24	44.597	24	47.369	24	64.222
25	42.815	25	46.455	25	49.343	25	66.898
26	44.527	26	48.313	26	51.316	26	69.574
27	46.240	27	50.171	27	53.290	27	72.250
28	47.953	28	52.030	28	55.264	28	74.926
29	49.665	29	53.888	29	57.237	29	77.602
30	51.378	30	55.745	30	59.211	30	80.278

CIRCONFÉRENCE DE 138 POUCES = A 11 P. 6 P.,

PRODUIT RÉDUIT AU GRAND CENT.

DÉDUCTION FAITE DU						SANS DÉDUCTION.	
CINQUIÈME.		SIXIÈME.		SEPTIÈME.			
LONG.	PRODUIT.	LONG.	PRODUIT.	LONG.	PRODUIT.	LONG.	PRODUIT.
pieds	solives.	pieds	solives.	pieds	solives.	pieds	solives.
1	1.763	1	1.867	1	2.025	1	2.755
2	3.527	2	3.734	2	4.050	2	5.510
3	5.290	3	5.601	3	6.074	3	8.266
4	7.053	4	7.468	4	8.099	4	11.021
5	8.817	5	9.335	5	10.124	5	13.776
6	10.580	6	11.202	6	12.149	6	16.531
7	12.343	7	13.069	7	14.173	7	19.286
8	14.107	8	14.936	8	16.198	8	22.042
9	15.870	9	16.803	9	18.223	9	24.798
10	17.633	10	18.670	10	20.248	10	27.552
11	19.397	11	20.537	11	22.272	11	30.307
12	21.160	12	22.405	12	24.297	12	33.062
13	22.923	13	24.272	13	26.322	13	35.818
14	24.687	14	26.149	14	28.347	14	38.573
15	26.450	15	28.016	15	30.371	15	41.328
16	28.213	16	29.873	16	32.396	16	44.083
17	29.977	17	31.740	17	34.421	17	46.839
18	31.740	18	33.607	18	36.446	18	49.594
19	33.503	19	35.474	19	38.470	19	52.349
20	35.267	20	37.340	20	40.495	20	55.104
21	37.030	21	39.208	21	42.520	21	57.859
22	38.793	22	41.075	22	44.545	22	60.615
23	40.557	23	42.942	23	46.569	23	63.370
24	42.320	24	44.809	24	48.594	24	66.125
25	44.083	25	46.676	25	50.619	25	68.880
26	45.847	26	48.543	26	52.644	26	71.635
27	47.620	27	50.410	27	54.668	27	74.391
28	49.383	28	52.277	28	56.693	28	77.146
29	51.147	29	54.144	29	58.718	29	79.901
30	52.900	30	56.071	30	60.743	30	82.656

CIRCONFÉRENCE DE 140 POUCES = A 11 P. 8 P.,

PRODUIT RÉDUIT AU GRAND CENT.

DÉDUCTION FAITE DU						SANS DÉDUCTION.	
CINQUIÈME.		SIXIÈME.		SEPTIÈME.			
LONG.	PRODUIT.	LONG.	PRODUIT.	LONG.	PRODUIT.	LONG.	PRODUIT.
pieds	solives.	pieds	solives.	pieds	solives.	pieds	solives.
1	1.815	1	1.969	1	2.083	1	2.836
2	3.630	2	3.938	2	4.167	2	5.671
3	5.444	3	5.907	3	6.250	3	8.507
4	7.259	4	7.877	4	8.333	4	11.343
5	9.074	5	9.846	5	10.417	5	14.178
6	10.889	6	11.815	6	12.500	6	17.014
7	12.704	7	13.784	7	14.583	7	19.850
8	14.519	8	15.753	8	16.667	8	22.685
9	16.333	9	17.722	9	18.750	9	25.521
10	18.148	10	19.692	10	20.833	10	28.356
11	19.963	11	21.661	11	22.917	11	31.192
12	21.778	12	23.630	12	25.000	12	34.028
13	23.593	13	25.599	13	27.083	13	36.863
14	25.407	14	27.568	14	29.167	14	39.699
15	27.222	15	29.537	15	31.250	15	42.535
16	29.037	16	31.506	16	33.333	16	45.370
17	30.852	17	33.476	17	35.417	17	48.206
18	32.667	18	35.445	18	37.500	18	51.042
19	34.481	19	37.414	19	39.583	19	53.877
20	36.296	20	39.383	20	41.667	20	56.713
21	38.111	21	41.352	21	43.750	21	59.549
22	39.926	22	43.321	22	45.833	22	62.384
23	41.741	23	45.291	23	47.917	23	65.220
24	43.556	24	47.260	24	50.000	24	68.056
25	45.370	25	49.229	25	52.083	25	70.891
26	47.185	26	51.198	26	54.167	26	73.727
27	49.000	27	53.167	27	56.250	27	76.562
28	50.815	28	55.136	28	58.333	28	79.398
29	52.630	29	57.105	29	60.417	29	82.234
30	54.444	30	59.075	30	62.500	30	85.069

CIRCONFÉRENCE DE 142 POUCES = A 11 P. 10 P.,

PRODUIT RÉDUIT AU GRAND CENT.

DÉDUCTION FAITE DU						SANS	
CINQUIÈME.		SIXIÈME.		SEPTIÈME.		DÉDUCTION.	
LONG.	PRODUIT.	LONG.	PRODUIT.	LONG.	PRODUIT.	LONG.	PRODUIT.
pieds	solives.	pieds	solives.	pieds	solives	pieds	solives.
1	1.867	1	2.026	1	2.143	1	2.922
2	3.734	2	4.052	2	4.286	2	5.845
3	5.601	3	6.078	3	6.429	3	8.767
4	7.468	4	8.103	4	8.572	4	11.690
5	9.335	5	10.129	5	10.715	5	14.612
6	11.202	6	12.155	6	12.858	6	17.535
7	13.069	7	14.181	7	15.001	7	20.457
8	14.936	8	16.207	8	17.144	8	23.380
9	16.803	9	18.233	9	19.288	9	26.302
10	18.670	10	20.259	10	21.431	10	29.225
11	20.537	11	22.284	11	23.574	11	32.147
12	22.404	12	24.310	12	25.717	12	35.069
13	24.271	13	26.336	13	27.860	13	37.992
14	26.139	14	28.362	14	30.003	14	40.914
15	28.006	15	30.388	15	32.146	15	43.837
16	29.873	16	32.414	16	34.289	16	46.759
17	31.740	17	34.440	17	36.433	17	49.682
18	33.607	18	36.466	18	38.575	18	52.604
19	35.474	19	38.491	19	40.718	19	55.527
20	37.341	20	40.517	20	42.861	20	58.449
21	39.208	21	42.543	21	45.004	21	61.372
22	41.075	22	44.569	22	47.147	22	64.294
23	42.942	23	46.595	23	49.290	23	67.216
24	44.809	24	48.621	24	51.433	24	70.139
25	46.676	25	50.647	25	53.577	25	73.061
26	48.543	26	52.672	26	55.720	26	75.984
27	50.410	27	54.698	27	57.863	27	78.906
28	52.277	28	56.724	28	60.006	28	81.829
29	54.144	29	58.750	29	62.149	29	84.751
30	56.011	30	60.776	30	64.292	30	87.674

CIRCONFÉRENCE DE 144 POUCES = A 12 PIEDS,

PRODUIT RÉDUIT AU GRAND CENT.

DÉDUCTION FAITE DU						SANS DÉDUCTION.	
CINQUIÈME.		SIXIÈME.		SEPTIÈME.			
LONG.	PRODUIT.	LONG.	PRODUIT.	LONG.	PRODUIT.	LONG.	PRODUIT.
pieds	solives.	pieds	solives.	pieds	solives.	pieds	solives.
1	1.920	1	2.083	1	2.204	1	3.000
2	3.840	2	4.167	2	4.408	2	6.000
3	5.760	3	6.250	3	6.612	3	9.000
4	7.680	4	8.333	4	8.816	4	12.000
5	9.600	5	10.417	5	11.020	5	15.000
6	11.520	6	12.500	6	13.224	6	18.000
7	13.440	7	14.583	7	15.428	7	21.000
8	15.360	8	16.667	8	17.632	8	24.000
9	17.280	9	18.750	9	19.837	9	27.000
10	19.200	10	20.833	10	22.041	10	30.000
11	21.120	11	22.917	11	24.245	11	33.000
12	23.040	12	25.000	12	26.449	12	36.000
13	24.960	13	27.083	13	28.653	13	39.000
14	26.880	14	29.167	14	30.857	14	42.000
15	28.800	15	31.250	15	33.061	15	45.000
16	30.720	16	33.333	16	35.265	16	48.000
17	32.640	17	35.417	17	37.469	17	51.000
18	34.560	18	37.500	18	39.673	18	54.000
19	36.480	19	39.583	19	41.877	19	57.000
20	38.400	20	41.667	20	44.081	20	60.000
21	40.320	21	43.750	21	46.285	21	63.000
22	42.240	22	45.833	22	48.489	22	66.000
23	44.160	23	47.917	23	50.694	23	69.000
24	46.080	24	50.000	24	52.898	24	72.000
25	48.000	25	52.083	25	55.103	25	75.000
26	49.920	26	54.167	26	57.307	26	78.000
27	51.840	27	56.250	27	59.511	27	81.000
28	53.760	28	58.333	28	61.715	28	84.000
29	55.680	29	60.417	29	63.919	29	87.000
30	57.600	30	62.500	30	66.123	30	90.000

CIRCONFÉRENCE DE 146 POUCES = A 12 P. 2 P.,

PRODUIT RÉDUIT AU GRAND CENT.

DÉDUCTION FAITE DU						SANS DÉDUCTION.	
CINQUIÈME.		SIXIÈME.		SEPTIÈME.			
LONG.	PRODUIT.	LONG.	PRODUIT.	LONG.	PRODUIT.	LONG.	PRODUIT.
pieds	solives.	pieds	solives.	pieds	solives.	pieds	solives.
1	1.974	1	2.142	1	2.266	1	3.084
2	3.947	2	4.283	2	4.531	2	6.168
3	5.921	3	6.425	3	6.797	3	9.252
4	7.895	4	8.566	4	9.063	4	12.336
5	9.869	5	10.708	5	11.329	5	15.420
6	11.842	6	12.850	6	13.594	6	18.503
7	13.816	7	14.991	7	15.860	7	21.587
8	15.790	8	17.133	8	18.126	8	24.671
9	17.763	9	19.274	9	20.392	9	27.755
10	19.737	10	21.416	10	22.657	10	30.839
11	21.711	11	23.558	11	24.923	11	33.923
12	23.684	12	25.699	12	27.189	12	37.007
13	25.658	13	27.841	13	29.454	13	40.091
14	27.632	14	29.982	14	31.720	14	43.175
15	29.606	15	32.124	15	33.986	15	46.259
16	31.579	16	34.266	16	36.252	16	49.343
17	33.553	17	36.407	17	38.517	17	52.427
18	35.527	18	38.549	18	40.783	18	55.510
19	37.500	19	40.690	19	43.049	19	58.594
20	39.474	20	42.832	20	45.315	20	61.678
21	41.448	21	44.974	21	47.580	21	64.762
22	43.421	22	47.115	22	49.846	22	67.846
23	45.395	23	49.257	23	52.112	23	70.930
24	47.369	24	51.398	24	54.377	24	74.014
25	49.343	25	53.540	25	56.643	25	77.098
26	51.316	26	55.682	26	58.909	26	80.182
27	53.290	27	57.823	27	61.175	27	83.266
28	55.264	28	59.965	28	63.440	28	86.350
29	57.237	29	62.106	29	65.706	29	89.433
30	59.211	30	64.248	30	67.972	30	92.517

CIRCONFÉRENCE DE 148 POUCES = A 12 P. 4 P.,

PRODUIT RÉDUIT AU GRAND CENT.

DÉDUCTION FAITE DU						SANS DÉDUCTION.	
CINQUIÈME.		SIXIÈME.		SEPTIÈME.			
LONG.	PRODUIT.	LONG.	PRODUIT.	LONG.	PRODUIT.	LONG.	PRODUIT.
pieds	solives.	pieds	solives.	pieds	solives.	pieds	solives.
1	2.028	1	2.201	1	2.328	1	3.169
2	4.056	2	4.401	2	4.656	2	6.338
3	6.084	3	6.602	3	6.985	3	9.507
4	8.113	4	8.803	4	9.313	4	12.676
5	10.141	5	11.003	5	11.641	5	15.845
6	12.169	6	13.204	6	13.969	6	19.014
7	14.197	7	15.405	7	16.298	7	22.183
8	16.225	8	17.605	8	18.626	8	25.352
9	18.253	9	19.806	9	20.954	9	28.521
10	20.281	10	22.007	10	23.282	10	31.690
11	22.310	11	24.207	11	25.611	11	34.859
12	24.338	12	26.408	12	27.939	12	38.028
13	26.366	13	28.609	13	30.267	13	41.197
14	28.394	14	30.809	14	32.595	14	44.366
15	30.422	15	33.010	15	34.924	15	47.535
16	32.450	16	35.211	16	37.252	16	50.704
17	34.479	17	37.411	17	39.580	17	53.873
18	36.507	18	39.612	18	41.908	18	57.042
19	38.535	19	41.813	19	44.236	19	60.211
20	40.563	20	44.013	20	46.565	20	63.380
21	42.591	21	46.214	21	48.893	21	66.549
22	44.619	22	48.414	22	51.221	22	69.718
23	46.647	23	50.615	23	53.549	23	72.887
24	48.676	24	52.815	24	55.878	24	76.056
25	50.704	25	55.016	25	58.206	25	79.225
26	52.732	26	57.217	26	60.534	26	82.394
27	54.760	27	59.418	27	62.862	27	85.562
28	56.788	28	61.618	28	65.191	28	88.731
29	58.816	29	63.819	29	67.519	29	91.900
30	60.844	30	66.020	30	69.847	30	95.069

CIRCONFÉRENCE DE 150 POUCES = A 12 P. 6 P.,

PRODUIT RÉDUIT AU GRAND CENT.

DÉDUCTION FAITE DU						SANS DÉDUCTION.	
CINQUIÈME.		SIXIÈME.		SEPTIÈME.			
LONG.	PRODUIT.	LONG.	PRODUIT.	LONG.	PRODUIT.	LONG.	PRODUIT.
pieds	solives.	pieds	solives.	pieds	solives.	pieds	solives.
1	2.083	1	2.261	1	2.392	1	3.255
2	4.167	2	4.521	2	4.783	2	6.510
3	6.250	3	6.782	3	7.175	3	9.766
4	8.333	4	9.042	4	9.566	4	13.021
5	10.417	5	11.303	5	11.958	5	16.276
6	12.500	6	13.563	6	14.349	6	19.531
7	14.583	7	15.824	7	16.741	7	22.786
8	16.667	8	18.084	8	19.133	8	26.042
9	18.750	9	20.345	9	21.524	9	29.297
10	20.833	10	22.606	10	23.916	10	32.552
11	22.917	11	24.866	11	26.307	11	35.807
12	25.000	12	27.127	12	28.699	12	39.062
13	27.083	13	29.387	13	31.090	13	42.318
14	29.167	14	31.648	14	33.482	14	45.573
15	31.250	15	33.908	15	35.874	15	48.828
16	33.333	16	36.169	16	38.265	16	52.083
17	35.417	17	38.430	17	40.657	17	55.339
18	37.500	18	40.690	18	43.048	18	58.594
19	39.583	19	42.951	19	45.440	19	61.849
20	41.667	20	45.211	20	47.831	20	65.104
21	43.750	21	47.472	21	50.223	21	68.359
22	45.833	22	49.732	22	52.615	22	71.615
23	47.917	23	51.993	23	55.006	23	74.870
24	50.000	24	54.253	24	57.398	24	78.125
25	52.083	25	56.514	25	59.789	25	81.380
26	54.167	26	58.775	26	62.181	26	84.635
27	56.250	27	61.035	27	64.572	27	87.891
28	58.333	28	63.296	28	66.964	28	91.146
29	60.417	29	65.556	29	69.356	29	94.401
30	62.500	30	67.817	30	71.747	30	97.656

CIRCONFÉRENCE DE 152 POUCES = A 12 P. 8 P.;

PRODUIT RÉDUIT AU GRAND CENT.

DÉDUCTION FAITE DU						SANS DÉDUCTION.	
CINQUIÈME.		SIXIÈME.		SEPTIÈME.			
LONG.	PRODUIT.	LONG.	PRODUIT.	LONG.	PRODUIT.	LONG.	PRODUIT.
pieds	solives.	pieds	solives.	pieds	solives.	pieds	solives.
1	2.139	1	2.321	1	2.456	1	3.343
2	4.279	2	4.642	2	4.912	2	6.685
3	6,418	3	6.962	3	7.367	3	10.028
4	8.557	4	9.283	4	9.823	4	13.370
5	10.696	5	11.604	5	12.279	5	16.713
6	12.836	6	13.925	6	14.735	6	20.056
7	14.975	7	16.245	7	17.190	7	23.398
8	17.114	8	18.566	8	19.646	8	26.741
9	19.253	9	20.887	9	22.102	9	30.083
10	21.393	10	23.208	10	24.558	10	33.426
11	23.532	11	25.528	11	27.014	11	36.769
12	25.671	12	27.849	12	29.469	12	40.111
13	27.810	13	30.170	13	31.925	13	43.454
14	29.950	14	32.491	14	34.381	14	46.796
15	32.089	15	34.811	15	36.837	15	50.139
16	34.228	16	37.132	16	39.292	16	53.481
17	36.367	17	39.453	17	41.748	17	56.824
18	38.507	18	41.774	18	44.204	18	60.167
19	40.646	19	44.094	19	46.660	19	63.509
20	42.785	20	46.415	20	49.116	20	66.852
21	44.924	21	48.736	21	51.571	21	70.194
22	47.064	22	51.057	22	54.027	22	73.537
23	49.203	23	53.377	23	56.483	23	76.880
24	51.342	24	55.698	24	58.939	24	80.222
25	53.582	25	58.019	25	61.394	25	83.565
26	55.621	26	60.340	26	63.850	26	86.907
27	57.760	27	62.660	27	66.306	27	90.250
28	59.889	28	64.991	28	68.762	28	93.593
29	61.039	29	67.312	29	71.218	29	96.935
30	64.178	30	69.633	30	73.673	30	100.278

CIRCONFÉRENCE DE 154 POUCES = A 12 P. 10 P.,

PRODUIT RÉDUIT AU GRAND CENT.

DÉDUCTION FAITE DU CINQUIÈME.		SIXIÈME.		SEPTIÈME.		SANS DÉDUCTION.	
LONG.	PRODUIT.	LONG.	PRODUIT.	LONG.	PRODUIT.	LONG.	PRODUIT.
pieds	solives.	pieds	solives.	pieds	solives.	pieds	solives.
1	2.196	1	2.383	1	2.528	1	3.431
2	4.392	2	4.765	2	5.057	2	6.862
3	6.588	3	7.148	3	7.585	3	10.293
4	8.784	4	9.531	4	10.113	4	13.725
5	10.980	5	11.914	5	12.642	5	17.156
6	13.176	6	14.296	6	15.170	6	20.587
7	15.371	7	16.679	7	17.698	7	24.018
8	17.567	8	19.062	8	20.227	8	27.449
9	19.763	9	21.444	9	22.755	9	30.880
10	21.959	10	23.827	10	25.283	10	34.311
11	24.155	11	26.210	11	27.812	11	37.742
12	26.351	12	28.593	12	30.340	12	41.174
13	28.547	13	30.975	13	32.868	13	44.605
14	30.743	14	33.358	14	35.397	14	48.036
15	32.939	15	35.741	15	37.925	15	51.467
16	35.135	16	38.123	16	40.453	16	54.898
17	37.331	17	40.506	17	42.982	17	58.329
18	39.527	18	42.889	18	45.510	18	61.760
19	41.723	19	45.272	19	48.038	19	65.192
20	43.919	20	47.654	20	50.557	20	68.623
21	46.114	21	50.037	21	53.095	21	72.054
22	48.310	22	52.420	22	55.623	22	75.485
23	50.506	23	54.803	23	58.152	23	78.916
24	52.702	24	57.185	24	60.680	24	82.347
25	54.898	25	59.568	25	63.208	25	85.778
26	57.094	26	61.951	26	65.737	26	89.229
27	59.290	27	64.333	27	68.265	27	92.681
28	61.486	28	66.716	28	70.793	28	96.032
29	63.682	29	69.099	29	73.322	29	99.483
30	65.878	30	71.482	30	75.850	30	102.934

CIRCONFÉRENCE DE 156 POUCES = A 13 PIEDS,

PRODUIT RÉDUIT AU GRAND CENT.

DÉDUCTION FAITE DU						SANS DÉDUCTION.	
CINQUIÈME.		SIXIÈME.		SEPTIÈME.			
LONG.	PRODUIT.	LONG.	PRODUIT.	LONG.	PRODUIT.	LONG.	PRODUIT.
pieds	solives.	pieds	solives.	pieds	solives.	pieds	solives.
1	2.282	1	2.445	1	2.587	1	3.521
2	4.565	2	4.890	2	5.173	2	7.042
3	6.847	3	7.335	3	7.760	3	10.563
4	9.129	4	9.780	4	10.347	4	14.083
5	11.412	5	12.225	5	12.934	5	17.604
6	13.694	6	14.670	6	15.520	6	21.125
7	15.976	7	17.115	7	18.106	7	24.646
8	18.259	8	19.560	8	20.694	8	28.167
9	20.542	9	22.005	9	23.281	9	31.688
10	22.823	10	24.450	10	25.867	10	35.208
11	25.105	11	26.895	11	28.454	11	38.729
12	27.388	12	29.340	12	31.041	12	42.250
13	29.670	13	31.785	13	33.628	13	45.771
14	31.952	14	34.230	14	36.214	14	49.292
15	34.235	15	36.675	15	38.801	15	52.813
16	36.517	16	39.120	16	41.388	16	56.333
17	38.799	17	41.565	17	43.974	17	59.854
18	41.082	18	44.010	18	46.561	18	63.375
19	43.364	19	46.455	19	49.148	19	66.896
20	45.646	20	48.900	20	51.735	20	70.417
21	47.929	21	51.345	21	54.321	21	73.938
22	50.211	22	53.791	22	56.908	22	77.458
23	52.493	23	56.236	23	59.495	23	80.979
24	54.776	24	58.681	24	62.082	24	84.500
25	57.058	25	61.126	25	64.668	25	88.021
26	59.340	26	63.571	26	67.255	26	91.542
27	61.623	27	66.016	27	69.842	27	95.063
28	63.905	28	68.461	28	72.429	28	99.583
29	66.187	29	70.906	29	75.015	29	102.104
30	68.469	30	73.351	30	77.602	30	105.625

7

CIRCONFÉRENCE DE 158 POUCES = A 13 P. 2 P.,

PRODUIT RÉDUIT AU GRAND CENT.

DÉDUCTION FAITE DU						SANS	
CINQUIÈME.		SIXIÈME.		SEPTIÈME.		DÉDUCTION.	
LONG.	PRODUIT.	LONG.	PRODUIT.	LONG.	PRODUIT.	LONG.	PRODUIT.
pieds	solives.	pieds	solives.	pieds	solives.	pieds	solives.
1	2.311	1	2.507	1	2.653	1	3.612
2	4.623	2	5.014	2	5.307	2	7.223
3	6.934	3	7.521	3	7.960	3	10.835
4	9.246	4	10.028	4	10.614	4	14.447
5	11.557	5	12.536	5	13.267	5	18.058
6	13.869	6	15.043	6	15.921	6	21.670
7	16.180	7	17.550	7	18.574	7	25.282
8	18.492	8	20.057	8	21.228	8	28.894
9	20.803	9	22.564	9	23.881	9	32.505
10	23.115	10	25.071	10	26.535	10	36.117
11	25.426	11	27.578	11	29.188	11	39.729
12	27.738	12	30.085	12	31.842	12	43.340
13	30.049	13	32.592	13	34.495	13	46.952
14	32.361	14	35.099	14	37.149	14	50.564
15	34.672	15	37.607	15	39.802	15	54.175
16	36.984	16	40.114	16	42.456	16	57.787
17	39.295	17	42.621	17	45.109	17	61.399
18	41.607	18	45.128	18	47.763	18	65.010
19	43.918	19	47.635	19	50.416	19	68.622
20	46.230	20	50.142	20	53.070	20	72.234
21	48.541	21	52.649	21	55.723	21	75.845
22	50.853	22	55.156	22	58.377	22	79.457
23	53.164	23	57.663	23	61.030	23	83.069
24	55.476	24	60.170	24	63.683	24	86.681
25	57.787	25	62.678	25	66.337	25	90.292
26	60.099	26	65.184	26	68.990	26	93.904
27	62.410	27	67.692	27	71.644	27	97.516
28	64.721	28	70.199	28	74.297	28	101.127
29	67.033	29	72.706	29	76.951	29	104.790
30	69.344	30	75.213	30	79.604	30	108.351

CIRCONFÉRENCE DE 160 POUCES = A 13 P. 4 P.,

PRODUIT RÉDUIT AU GRAND CENT.

DÉDUCTION FAITE DU						SANS DÉDUCTION.	
CINQUIÈME.		SIXIÈME.		SEPTIÈME.			
LONG.	PRODUIT.	LONG.	PRODUIT.	LONG.	PRODUIT.	LONG.	PRODUIT.
pieds	solives.	pieds	solives.	pieds	solives.	pieds	solives.
1	2.370	1	2.572	1	2.721	1	3.704
2	4.741	2	5.144	2	5.442	2	7.407
3	7.111	3	7.716	3	8.163	3	11.111
4	9.481	4	10.288	4	10.884	4	14.815
5	11.852	5	12.860	5	13.605	5	18.519
6	14.222	6	15.432	6	16.327	6	22.222
7	16.593	7	18.004	7	19.048	7	25.926
8	18.963	8	20.576	8	21.769	8	29.630
9	21.333	9	23.148	9	24.490	9	33.333
10	23.704	10	25.720	10	27.211	10	37.037
11	26.074	11	28.292	11	29.932	11	40.741
12	28.444	12	30.864	12	32.653	12	44.444
13	30.815	13	33.436	13	35.374	13	48.148
14	33.185	14	36.008	14	38.095	14	51.852
15	35.556	15	38.580	15	40.816	15	55.556
16	37.926	16	41.152	16	43.537	16	59.259
17	40.296	17	43.724	17	46.258	17	62.963
18	42.667	18	46.296	18	48.980	18	66.667
19	45.037	19	48.868	19	51.701	19	70.370
20	47.407	20	51.440	20	54.422	20	74.074
21	49.778	21	54.012	21	57.143	21	77.778
22	52.148	22	56.584	22	59.864	22	81.481
23	54.519	23	59.156	23	62.585	23	85.185
24	56.889	24	61.728	24	65.306	24	88.889
25	59.259	25	64.300	25	68.027	25	92.593
26	61.630	26	66.872	26	70.748	26	96.296
27	64.000	27	69.444	27	73.469	27	100.000
28	66.370	28	72.016	28	76.190	28	103.704
29	68.741	29	74.588	29	78.911	29	107.407
30	71.111	30	77.160	30	81.633	30	111.111

CIRCONFÉRENCE DE 162 POUCES = A 13 P. 6 P.,

PRODUIT RÉDUIT AU GRAND CENT.

DÉDUCTION FAITE DU						SANS DÉDUCTION.	
CINQUIÈME.		SIXIÈME.		SEPTIÈME.			
LONG.	PRODUIT.	LONG.	PRODUIT.	LONG.	PRODUIT.	LONG.	PRODUIT.
pieds	solives.	pieds	solives.	pieds	solives.	pieds	solives.
1	2.430	1	2.630	1	2.790	1	3.796
2	4.860	2	5.260	2	5.579	2	7.593
3	7.290	3	7.891	3	8.369	3	11.389
4	9.720	4	10.521	4	11.158	4	15.186
5	12.150	5	13.151	5	13.948	5	18.982
6	14.580	6	15.781	6	16.737	6	22.779
7	17.010	7	18.411	7	19.527	7	26.575
8	19.440	8	21.042	8	22.316	8	30.372
9	21.870	9	23.672	9	25.106	9	34.168
10	24.300	10	26.302	10	27.895	10	37.965
11	26.730	11	28.932	11	30.685	11	41.761
12	29.160	12	31.563	12	33.475	12	45.558
13	31.590	13	34.193	13	36.264	13	49.354
14	34.020	14	36.823	14	39.054	14	53.151
15	36.450	15	39.453	15	41.843	15	56.947
16	38.880	16	42.083	16	44.633	16	60.744
17	41.310	17	44.714	17	47.422	17	64.540
18	43.740	18	47.344	18	50.212	18	68.337
19	46.170	19	49.974	19	53.001	19	72.033
20	48.600	20	52.604	20	55.791	20	75.930
21	51.030	21	55.234	21	58.580	21	79.726
22	53.460	22	57.865	22	61.370	22	83.522
23	55.890	23	60.495	23	64.159	23	87.319
24	58.320	24	63.125	24	66.949	24	91.115
25	60.750	25	65.755	25	69.739	25	94.912
26	63.180	26	68.386	26	72.528	26	98.708
27	65.610	27	71.016	27	75.318	27	102.505
28	68.040	28	73.646	28	78.107	28	106.301
29	70.470	29	76.276	29	80.897	29	110.098
30	72.900	30	78.906	30	83.676	30	113.894

CIRCONFÉRENCE DE 164 POUCES = A 13 P. 8 P.,

PRODUIT, RÉDUIT AU GRAND CENT.

DÉDUCTION FAITE DU						SANS DÉDUCTION.	
CINQUIÈME.		SIXIÈME.		SEPTIÈME.			
LONG.	PRODUIT.	LONG.	PRODUIT.	LONG.	PRODUIT.	LONG.	PRODUIT.
pieds	solives.	pieds	solives.	pieds	solives.	pieds	solives.
1	2.490	1	2.702	1	2.859	1	3.891
2	4.981	2	5.404	2	5.718	2	7.782
3	7.471	3	8.107	3	8.577	3	11.674
4	9.961	4	10.809	4	11.435	4	15.565
5	12.452	5	13.511	5	14.294	5	19.456
6	14.942	6	16.213	6	17.153	6	23.347
7	17.433	7	18.916	7	20.012	7	27.238
8	19.923	8	21.618	8	22.871	8	31.130
9	22.413	9	24.320	9	25.730	9	35.021
10	24.904	10	27.022	10	28.588	10	38.912
11	27.394	11	29.724	11	31.447	11	42.803
12	29.884	12	32.427	12	34.306	12	46.694
13	32.375	13	35.129	13	37.165	13	50.486
14	34.865	14	37.831	14	40.024	14	54.477
15	37.356	15	40.533	15	42.883	15	58.368
16	39.846	16	43.236	16	45.741	16	62.259
17	42.336	17	45.938	17	48.600	17	66.150
18	44.827	18	48.640	18	51.459	18	70.042
19	47.317	19	51.342	19	54.318	19	73.933
20	49.807	20	54.044	20	57.177	20	77.824
21	52.298	21	56.747	21	60.036	21	81.715
22	54.788	22	59.449	22	62.894	22	85.606
23	57.279	23	62.151	23	65.753	23	89.498
24	59.769	24	64.853	24	68.612	24	93.389
25	62.259	25	67.555	25	71.471	25	97.280
26	64.750	26	70.258	26	74.230	26	101.171
27	67.240	27	72.960	27	77.189	27	105.063
28	69.730	28	75.662	28	80.047	28	108.954
29	72.221	29	78.364	29	82.906	29	112.845
30	74.711	30	81.067	30	85.765	30	116.736

CIRCONFÉRENCE DE 166 POUCES = A 13 P. 10 P.,

PRODUIT RÉDUIT AU GRAND CENT.

DÉDUCTION FAITE DU						SANS	
CINQUIÈME.		SIXIÈME.		SEPTIÈME.		DÉDUCTION.	
LONG.	PRODUIT.	LONG.	PRODUIT.	LONG.	PRODUIT.	LONG.	PRODUIT.
pieds	solives.	pieds	solives.	pieds	solives.	pieds	solives.
1	2.551	1	2.769	1	2.929	1	3.987
2	5.103	2	5.537	2	5.858	2	7.973
3	7.654	3	8.306	3	8.787	3	11.970
4	10.206	4	11.074	4	11.716	4	15.947
5	12.757	5	13.843	5	14.645	5	19.933
6	15.309	6	16.611	6	17.574	6	23.920
7	17.860	7	19.390	7	20.503	7	27.907
8	20.412	8	22.148	8	23.432	8	31.894
9	22.963	9	24.917	9	26.361	9	35.880
10	25.515	10	27.685	10	29.290	10	39.867
11	28.066	11	30.454	11	32.219	11	43.854
12	30.618	12	33.222	12	35.148	12	47.840
13	33.169	13	35.901	13	38.077	13	51.827
14	35.721	14	38.759	14	41.006	14	55.814
15	38.272	15	41.528	15	43.935	15	59.800
16	40.824	16	44.297	16	46.864	16	63.787
17	43.375	17	47.065	17	49.793	17	67.774
18	45.927	18	49.834	18	52.722	18	71.760
19	48.478	19	52.602	19	55.651	19	75.747
20	51.030	20	55.371	20	58.580	20	79.734
21	53.581	21	58.139	21	61.509	21	83.720
22	56.133	22	60.908	22	64.438	22	87.707
23	58.684	23	63.676	23	67.367	23	91.794
24	61.236	24	66.445	24	70.296	24	95.681
25	63.787	25	69.213	25	73.225	25	99.667
26	66.339	26	71.982	26	76.154	26	103.654
27	68.890	27	74.750	27	79.083	27	107.641
28	71.441	28	77.519	28	82.012	28	111.627
29	73.993	29	80.287	29	84.941	29	115.614
30	76.544	30	83.056	30	87.870	30	119.601

CIRCONFÉRENCE DE 168 POUCES = A 14 PIEDS,

PRODUIT RÉDUIT AU GRAND CENT.

DÉDUCTION FAITE DU						SANS DÉDUCTION.	
CINQUIÈME.		SIXIÈME.		SEPTIÈME.			
LONG.	PRODUIT.	LONG.	PRODUIT.	LONG.	PRODUIT.	LONG.	PRODUIT.
pieds	solives.	pieds	solives.	pieds	solives.	pieds	solives.
1	2.613	1	2.836	1	3.000	1	4.083
2	5.227	2	5.671	2	6.000	2	8.167
3	7.840	3	8.507	3	9.000	3	12.250
4	10.453	4	11.343	4	12.000	4	16.333
5	13.067	5	14.178	5	15.000	5	20.417
6	15.680	6	17.014	6	18.000	6	24.500
7	18.293	7	19.850	7	21.000	7	28.583
8	20.907	8	22.685	8	24.000	8	32.667
9	23.520	9	25.521	9	27.000	9	36.750
10	26.133	10	28.356	10	30.000	10	40.833
11	28.747	11	31.192	11	33.000	11	44.917
12	31.360	12	34.028	12	36.000	12	49.000
13	33.973	13	36.863	13	39.000	13	53.083
14	36.587	14	39.699	14	42.000	14	57.167
15	39.200	15	42.535	15	45.000	15	61.250
16	41.813	16	45.370	16	48.000	16	65.333
17	44.427	17	48.206	17	51.000	17	69.417
18	47.040	18	51.042	18	54.000	18	73.500
19	49.653	19	53.877	19	57.000	19	77.583
20	52.267	20	56.713	20	60.000	20	81.667
21	54.880	21	59.549	21	63.000	21	85.750
22	57.493	22	62.384	22	66.000	22	89.833
23	60.107	23	65.220	23	69.000	23	93.917
24	62.720	24	68.056	24	72.000	24	98.000
25	65.333	25	70.891	25	75.000	25	102.083
26	67.947	26	73.727	26	78.000	26	106.167
27	70.560	27	76.562	27	81.000	27	110.250
28	73.173	28	79.398	28	84.000	28	114.333
29	75.787	29	82.334	29	87.000	29	118.417
30	78.400	30	85.069	30	90.000	30	122.500

CIRCONFÉRENCE DE 170 POUCES = A 14 P. 2 P.,

PRODUIT RÉDUIT AU GRAND CENT.

DÉDUCTION FAITE DU						SANS DÉDUCTION.	
CINQUIÈME.		SIXIÈME.		SEPTIÈME.			
LONG.	PRODUIT.	LONG.	PRODUIT.	LONG.	PRODUIT.	LONG.	PRODUIT.
pieds	solives.	pieds	solives.	pieds	solives.	pieds	solives.
1	2.676	1	2.904	1	3.072	1	4.183
2	5.352	2	5.807	2	6.144	2	8.367
3	8.028	3	8.711	3	9.216	3	12.550
4	10.704	4	11.614	4	12.287	4	16.734
5	13.380	5	14.518	5	15.359	5	20.917
6	16.056	6	17.421	6	18.431	6	25.101
7	18.731	7	20.325	7	21.503	7	29.284
8	21.407	8	23.228	8	24.575	8	33.467
9	24.083	9	26.132	9	27.647	9	37.651
10	26.759	10	29.036	10	30.718	10	41.834
11	29.435	11	31.939	11	33.790	11	46.018
12	32.111	12	34.843	12	36.862	12	50.201
13	34.787	13	37.746	13	39.934	13	54.385
14	37.463	14	40.650	14	43.006	14	58.568
15	40.139	15	43.553	15	46.078	15	62.751
16	42.815	16	46.457	16	49.149	16	66.935
17	45.491	17	49.361	17	52.221	17	71.118
18	48.167	18	52.264	18	55.293	18	75.302
19	50.843	19	55.168	19	58.365	19	79.485
20	53.519	20	58.071	20	61.437	20	83.669
21	56.194	21	60.975	21	64.509	21	87.852
22	58.870	22	63.878	22	67.581	22	92.035
23	61.546	23	66.782	23	70.652	23	96.219
24	64.222	24	69.685	24	73.724	24	100.402
25	66.898	25	72.589	25	76.796	25	104,586
26	69.574	26	75.493	26	79.868	26	108.769
27	72.250	27	78.396	27	82.940	27	112.953
28	74.926	28	81.300	28	86.012	28	117.136
29	77.602	29	84.203	29	89.083	29	121.319
30	80.278	30	87.107	30	92.155	30	125.503

CIRCONFÉRENCE DE 172 POUCES = A 14 P. 4 P.,

PRODUIT RÉDUIT AU GRAND CENT.

DÉDUCTION FAITE DU						SANS DÉDUCTION.	
CINQUIÈME.		SIXIÈME.		SEPTIÈME.			
LONG.	PRODUIT.	LONG.	PRODUIT.	LONG.	PRODUIT.	LONG.	PRODUIT.
pieds	solives.	pieds	solives.	pieds	solives.	pieds	solives.
1	2.739	1	2.972	1	3.145	1	4.280
2	5.479	2	5.945	2	6.289	2	8.560
3	8.218	3	8.917	3	9.434	3	12.840
4	10.957	4	11.889	4	12.578	4	17.120
5	13.696	5	14.861	5	15.723	5	21.400
6	16.436	6	17.834	6	18.867	6	25.681
7	19.175	7	20.806	7	22.012	7	29.961
8	21.914	8	23.778	8	25.156	8	34.241
9	24.653	9	26.750	9	28.301	9	38.521
10	27.393	10	29.723	10	31.446	10	42.801
11	30.132	11	32.695	11	34.590	11	47.081
12	32.871	12	35.667	12	37.735	12	51.361
13	35.610	13	38.639	13	40.879	13	55.641
14	38.350	14	41.612	14	44.024	14	59.921
15	41.089	15	44.584	15	47.168	15	64.201
16	43.828	16	47.556	16	50.313	16	68.481
17	46.567	17	50.528	17	53.457	17	72.762
18	49.307	18	53.501	18	56.602	18	77.042
19	52.045	19	56.473	19	59.747	19	81.322
20	54.785	20	59.445	20	62.891	20	85.602
21	57.524	21	62.417	21	66.036	21	89.882
22	60.264	22	65.390	22	69.180	22	94.162
23	63.003	23	68.362	23	72.325	23	98.442
24	65.742	24	71.334	24	75.469	24	102.722
25	68.481	25	74.306	25	78.614	25	107.002
26	71.221	26	77.279	26	81.758	26	111.282
27	73.960	27	80.251	27	84.903	27	115.563
28	76.699	28	83.223	28	88.048	28	119.843
29	79.439	29	86.195	29	91.192	29	124.122
30	82.178	30	89.168	30	94.337	30	128.403

CIRCONFÉRENCE DE 174 POUCES = A 14 P. 6 P.,

PRODUIT RÉDUIT AU GRAND CENT.

DÉDUCTION FAITE DU						SANS	
CINQUIÈME.		SIXIÈME.		SEPTIÈME.		DÉDUCTION.	
LONG.	PRODUIT.	LONG.	PRODUIT.	LONG.	PRODUIT.	LONG.	PRODUIT.
pieds	solives.	pieds	solives.	pieds	solives.	pieds	solives.
1	2.803	1	3.042	1	3.218	1	4.380
2	5.607	2	6.084	2	6.436	2	8.760
3	8.410	3	9.125	3	9.654	3	13.141
4	11.213	4	12.167	4	12.872	4	17.721
5	14.017	5	15.209	5	16.091	5	21.901
6	16.820	6	18.252	6	19.309	6	26.281
7	19.623	7	21.294	7	22.327	7	30.661
8	22.427	8	24.335	8	25.745	8	35.052
9	25.230	9	27.377	9	28.963	9	39.422
10	28.033	10	30.418	10	32.181	10	43.802
11	30.837	11	33.460	11	35.399	11	48.182
12	33.640	12	36.512	12	38.617	12	52.562
13	36.443	13	39.544	13	41.835	13	56.943
14	39.247	14	42.585	14	45.054	14	61.323
15	42.050	15	45.627	15	48.272	15	65.703
16	44.853	16	48.669	16	51.490	16	70.083
17	47.657	17	51.711	17	54.708	17	74.464
18	50.460	18	54.753	18	57.926	18	78.844
19	53.263	19	57.794	19	61.144	19	83.224
20	56.067	20	60.836	20	64.362	20	87.604
21	58.870	21	63.878	21	67.580	21	91.984
22	61.673	22	66.920	22	70.798	22	96.365
23	64.477	23	69.962	23	74.017	23	100.745
24	67.280	24	73.003	24	77.235	24	105.125
25	70.083	25	76.045	25	80.453	25	109.505
26	72.887	26	79.087	26	83.671	26	113.885
27	75.690	27	82.129	27	86.889	27	118.266
28	78.493	28	85.161	28	90.107	28	122.646
29	81.297	29	88.203	29	93.325	29	127.026
30	84.100	30	91.254	30	96.543	30	131.406

CIRCONFÉRENCE DE 176 POUCES = A 14 P. 8 P.,

PRODUIT RÉDUIT AU GRAND CENT.

DÉDUCTION FAITE DU CINQUIÈME.		DÉDUCTION FAITE DU SIXIÈME.		DÉDUCTION FAITE DU SEPTIÈME.		SANS DÉDUCTION.	
LONG.	PRODUIT.	LONG.	PRODUIT.	LONG.	PRODUIT.	LONG.	PRODUIT.
pieds	solives.	pieds	solives.	pieds	solives.	pieds	solives.
1	2.868	1	3.112	1	3.293	1	4.481
2	5.736	2	6.224	2	6.585	2	8.963
3	8.604	3	9.336	3	9.878	3	13.444
4	11.473	4	12.449	4	13.170	4	17.926
5	14.341	5	15.561	5	16.463	5	22.407
6	17.209	6	18.673	6	19.755	6	26.889
7	20.077	7	21.785	7	23.048	7	31.370
8	22.945	8	24.897	8	26.340	8	35.852
9	25.813	9	28.009	9	29.633	9	40.333
10	28.681	10	31.121	10	32.925	10	44.815
11	31.550	11	34.233	11	36.218	11	49.296
12	34.418	12	37.346	12	39.510	12	53.778
13	37.286	13	40.458	13	42.803	13	58.259
14	40.134	14	43.580	14	46.095	14	62.741
15	43.022	15	46.682	15	49.388	15	67.222
16	45.890	16	49.794	16	52.680	16	71.704
17	48.759	17	52.906	17	55.973	17	76.185
18	51.627	18	56.018	18	59.265	18	80.667
19	54.495	19	59.131	19	62.558	19	85.148
20	57.363	20	62.243	20	65.850	20	89.630
21	60.231	21	65.355	21	69.143	21	94.111
22	63.099	22	68.467	22	72.435	22	98.593
23	65.967	23	71.579	23	75.728	23	103.074
24	68.836	24	74.691	24	79.020	24	107.556
25	71.704	25	77.803	25	82.313	25	112.037
26	74.572	26	80.915	26	85.605	26	116.519
27	77.440	27	84.028	27	88.898	27	121.000
28	80.308	28	87.140	28	92.190	28	125.481
29	83.176	29	90.252	29	95.483	29	129.963
30	86.044	30	93.364	30	98.775	30	134.444

CIRCONFÉRENCE DE 178 POUCES = A 14 P. 10 P.,

PRODUIT RÉDUIT AU GRAND CENT.

DÉDUCTION FAITE DU						SANS	
CINQUIÈME.		SIXIÈME.		SEPTIÈME.		DÉDUCTION.	
LONG.	PRODUIT.	LONG.	PRODUIT.	LONG.	PRODUIT.	LONG.	PRODUIT.
pieds	solives.	pieds	solives.	pieds	solives.	pieds	solives.
1	2.934	1	3.183	1	3.368	1	4.564
2	5.867	2	6.366	2	6.736	2	9.128
3	8.801	3	9.549	3	10.103	3	13.692
4	11.735	4	12.732	4	13.471	4	18.256
5	14.669	5	15.915	5	16.839	5	22.820
6	17.602	6	19.098	6	20.207	6	27.383
7	20.536	7	22.281	7	23.574	7	31.947
8	23.470	8	25.464	8	26.942	8	36.511
9	26.403	9	28.647	9	30.310	9	41.075
10	29.337	10	31.830	10	33.678	10	45.639
11	32.271	11	35.013	11	37.045	11	50.203
12	35.204	12	38.196	12	40.413	12	54.767
13	38.138	13	41.379	13	43.781	13	59.331
14	41.072	14	44.562	14	47.149	14	63.895
15	44.006	15	47.745	15	50.516	15	68.459
16	46.940	16	50.928	16	53.884	16	73.023
17	49.873	17	54.111	17	57.252	17	77.587
18	52.807	18	57.294	18	60.620	18	82.150
19	55.740	19	60.477	19	63.987	19	86.714
20	58.674	20	63.660	20	67.355	20	91.278
21	61.607	21	66.843	21	70.723	21	95.842
22	64.541	22	70.026	22	74.091	22	100.406
23	67.475	23	73.209	23	77.459	23	104.970
24	70.409	24	76.392	24	80.826	24	109.534
25	73.343	25	79.575	25	84.194	25	114.098
26	76.276	26	82.758	26	87.562	26	118.662
27	79.210	27	85.941	27	90.930	27	123.226
28	82.144	28	89.124	28	94.297	28	127.790
29	85.077	29	92.307	29	97.665	29	132.353
30	88.011	30	95.490	30	101.033	30	136.917

CIRCONFÉRENCE DE 180 POUCES = A 15 P. 00 P.,

PRODUIT RÉDUIT AU GRAND CENT.

DÉDUCTION FAITE DU						SANS	
CINQUIÈME.		SIXIÈME.		SEPTIÈME.		DÉDUCTION.	
LONG.	PRODUIT.	LONG.	PRODUIT.	LONG.	PRODUIT.	LONG.	PRODUIT.
pieds	solives.	pieds	solives.	pieds	solives.	pieds	solives.
1	3.000	1	3.255	1	3.444	1	4.688
2	6.000	2	6.510	2	6.888	2	9.375
3	9.000	3	9.766	3	10.332	3	14.063
4	12.000	4	13.021	4	13.775	4	18.750
5	15.000	5	16.276	5	17.219	5	23.438
6	18.000	6	19.531	6	20.663	6	28.125
7	21.000	7	22.786	7	24.107	7	32.813
8	24.000	8	26.042	8	27.551	8	37.500
9	27.000	9	29.297	9	30.995	9	42.188
10	30.000	10	32.552	10	34.439	10	46.875
11	33.000	11	35.807	11	37.853	11	51.563
12	36.000	12	39.062	12	41.326	12	56.250
13	39.000	13	42.318	13	44.770	13	60.948
14	42.000	14	45.573	14	48.214	14	65.625
15	45.000	15	48.828	15	51.658	15	70.313
16	48.000	16	52.083	16	55.112	16	75.000
17	51.000	17	55.339	17	58.546	17	79.688
18	54.000	18	58.594	18	61.990	18	84.375
19	57.000	19	61.859	19	65.434	19	89.063
20	60.000	20	65.104	20	68.877	20	93.750
21	63.000	21	68.359	21	72.321	21	98.438
22	66.000	22	71.615	22	75.765	22	103.125
23	69.000	23	74.870	23	79.209	23	107.813
24	72.000	24	78.125	24	82.653	24	112.500
25	75.000	25	81.380	25	86.097	25	117.188
26	78.000	26	84.635	26	89.541	26	121.875
27	81.000	27	87.891	27	92.985	27	126.563
28	84.000	28	91.146	28	96.428	28	131.250
29	87.000	29	94.401	29	99.872	29	135.938
30	90.000	30	97.656	30	103.316	30	140.625

CIRCONFÉRENCE DE 182 POUCES = A 15 P. 2 P.,

PRODUIT RÉDUIT AU GRAND CENT.

DÉDUCTION FAITE DU						SANS DÉDUCTION.	
CINQUIÈME.		SIXIÈME.		SEPTIÈME.			
LONG.	PRODUIT.	LONG.	PRODUIT.	LONG.	PRODUIT.	LONG.	PRODUIT.
pieds	solives.	pieds	solives.	pieds	solives.	pieds	solives.
1	3.067	1	3.351	1	3.528	1	4.792
2	6.134	2	6.702	2	7.057	2	9.584
3	9.201	3	10.053	3	10.585	3	14.377
4	12.268	4	13.404	4	14.113	4	19.169
5	15.335	5	16.755	5	17.642	5	23.961
6	18.402	6	20.107	6	21.170	6	28.753
7	21.469	7	23.458	7	24.698	7	33.546
8	24.536	8	26.809	8	28.227	8	38.338
9	27.603	9	30.160	9	31.755	9	43.130
10	30.670	10	33.511	10	35.283	10	47.922
11	33.737	11	36.862	11	38.812	11	52.715
12	36.804	12	40.213	12	42.340	12	57.507
13	39.871	13	43.564	13	45.868	13	62.299
14	42.939	14	46.915	14	49.397	14	67.091
15	46.006	15	50.266	15	52.925	15	71.884
16	49.073	16	53.617	16	56.453	16	76.676
17	52.140	17	56.969	17	59.982	17	71.468
18	55.207	18	60.320	18	63.510	18	86.260
19	58.274	19	63.671	19	67.038	19	91.053
20	61.341	20	67.021	20	70.567	20	95.845
21	64.408	21	70.373	21	74.095	21	100.637
22	67.475	22	73.724	22	77.623	22	105.429
23	70.542	23	77.075	23	81.152	23	110.222
24	73.609	24	80.526	24	84.680	24	115.014
25	76.676	25	83.877	25	88.208	25	119.806
26	79.743	26	87.128	26	91.737	26	124.598
27	82.810	27	90.479	27	95.265	27	129.391
28	85.877	28	93.831	28	98.793	28	134.183
29	88.944	29	97.182	29	102.322	29	138.975
30	92.011	30	100.533	30	105.850	30	143.767

CIRCONFÉRENCE DE 184 POUCES = A 15 P. 4 P.,

PRODUIT RÉDUIT AU GRAND CENT.

DÉDUCTION FAITE DU						SANS DÉDUCTION.	
CINQUIÈME.		SIXIÈME.		SEPTIÈME.			
LONG.	PRODUIT.	LONG.	PRODUIT.	LONG.	PRODUIT.	LONG.	PRODUIT.
pieds	solives.	pieds	solives.	pieds	solives.	pieds	solives.
1	3.135	1	3.401	1	3.599	1	4.898
2	6.270	2	6.803	2	7.197	2	9.796
3	9.404	3	10.204	3	10.796	3	14.694
4	12.539	4	13.606	4	14.395	4	19.993
5	15.674	5	17.007	5	17.993	5	24.491
6	18.809	6	20.409	6	21.592	6	29.389
7	21.944	7	23.810	7	25.190	7	34.287
8	25.079	8	27.212	8	28.789	8	39.185
9	28.213	9	30.613	9	32.388	9	44.083
10	31.348	10	34.015	10	35.986	10	48.981
11	34.483	11	37.416	11	39.585	11	53.886
12	37.618	12	40.818	12	43.184	12	58.778
13	40.753	13	44.219	13	46.782	13	63.676
14	43.887	14	47.621	14	50.381	14	68.574
15	47.022	15	51.022	15	53.979	15	73.472
16	50.157	16	54.424	16	57.578	16	78.370
17	53.292	17	57.825	17	61.177	17	83.269
18	56.427	18	61.227	18	64.775	18	88.167
19	59.561	19	64.628	19	68.374	19	93.065
20	62.696	20	68.030	20	71.973	20	97.962
21	65.831	21	71.431	21	75.571	21	102.861
22	68.966	22	74.833	22	79.170	22	107.759
23	72.101	23	78.234	23	82.768	23	112.657
24	75.236	24	81.835	24	86.367	24	117.556
25	78.370	25	85.037	25	89.966	25	122.453
26	81.505	26	88.439	26	93.564	26	127.352
27	84.640	27	91.840	27	97.163	27	132.250
28	87.776	28	95.242	28	100.762	28	137.148
29	90.910	29	98.643	29	104.360	29	142.046
30	94.044	30	102.045	30	107.959	30	146.944

CIRCONFÉRENCE DE 186 POUCES = A 15 P. 6 P., PRODUIT RÉDUIT AU GRAND CENT.

DÉDUCTION FAITE DU						SANS DÉDUCTION.	
CINQUIÈME.		SIXIÈME.		SEPTIÈME.			
LONG.	PRODUIT.	LONG.	PRODUIT.	LONG.	PRODUIT.	LONG.	PRODUIT.
pieds	solives.	pieds	solives.	pieds	solives.	pieds	solives.
1	3.203	1	3.476	1	3.677	1	5.005
2	6.407	2	6.952	2	7.355	2	10.010
3	9.610	3	10.428	3	11.032	3	15.016
4	12.813	4	13.903	4	14.709	4	20.021
5	16.017	5	17.379	5	18.386	5	25.026
6	19.220	6	20.855	6	22.064	6	30.031
7	22.423	7	24.331	7	25.741	7	35.036
8	25.627	8	27.807	8	29.418	8	40.042
9	28.830	9	31.282	9	33.096	9	45.047
10	32.033	10	34.758	10	36.773	10	50.052
11	35.237	11	38.234	11	40.450	11	55.057
12	38.440	12	41.710	12	44.127	12	60.062
13	41.643	13	45.186	13	47.805	13	65.068
14	44.847	14	48.662	14	51.482	14	70.073
15	48.050	15	52.138	15	55.159	15	75.078
16	51.253	16	55.613	16	58.837	16	80.083
17	54.457	17	59.089	17	62.514	17	85.088
18	57.660	18	62.565	18	66.191	18	90.094
19	60.863	19	66.041	19	69.868	19	95.099
20	64.067	20	69.517	20	73.546	20	100.104
21	67.270	21	72.993	21	77.223	21	105.109
22	70.473	22	76.468	22	80.900	22	110.114
23	73.677	23	79.944	23	84.578	23	115.120
24	76.880	24	83.420	24	88.255	24	120.125
25	80.083	25	86.896	25	91.932	25	125.130
26	83.287	26	90.372	26	95.609	26	130.135
27	86.490	27	93.848	27	99.287	27	135.141
28	89.693	28	97.323	28	102.964	28	140.146
29	92.897	29	100.799	29	106.641	29	145.151
30	96.100	30	104.275	30	110.319	30	150.156

CIRCONFÉRENCE DE 188 POUCES = A 15 P. 8 P.,

PRODUIT RÉDUIT AU GRAND CENT.

DÉDUCTION FAITE DU						SANS DÉDUCTION.	
CINQUIÈME.		SIXIÈME.		SEPTIÈME.			
LONG.	PRODUIT.	LONG.	PRODUIT.	LONG.	PRODUIT.	LONG.	PRODUIT.
pieds	solives.	pieds	solives.	pieds	solives.	pieds	solives.
1	3.273	1	3.551	1	3.757	1	5.113
2	6.545	2	7.102	2	7.514	2	10.227
3	9.818	3	10.653	3	11.270	3	15.340
4	13.090	4	14.204	4	15.027	4	20.454
5	16.263	5	17.755	5	18.784	5	25.567
6	19.636	6	21.306	6	22.541	6	30.681
7	22.908	7	24.857	7	26.298	7	35.794
8	26.181	8	28.408	8	30.054	8	40.907
9	29.453	9	31.959	9	33.811	9	46.021
10	32.726	10	35.510	10	37.568	10	51.134
11	35.999	11	39.061	11	41.325	11	56.248
12	39.271	12	42.612	12	45.082	12	61.361
13	42.544	13	46.163	13	48.838	13	66.475
14	45.816	14	49.714	14	52.595	14	71.588
15	49.089	15	53.265	15	56.352	15	76.701
16	52.361	16	56.816	16	60.109	16	81.815
17	55.634	17	60.367	17	63.866	17	86.928
18	58.907	18	63.918	18	67.622	18	92.042
19	62.179	19	67.469	19	71.379	19	97.155
20	65.452	20	71.020	20	75.136	20	102.269
21	68.724	21	74.571	21	78.893	21	107.382
22	71.997	22	78.122	22	82.650	22	112.495
23	75.270	23	81.673	23	86.406	23	117.609
24	78.542	24	85.224	24	90.163	24	122.722
25	81.815	25	88.775	25	93.920	25	127.836
26	85.087	26	92.326	26	97.677	26	132.949
27	88.360	27	95.877	27	101.434	27	138.063
28	91.633	28	99.428	28	105.190	28	143.176
29	94.905	29	102.979	29	108.947	29	148.289
30	98.178	30	106.530	30	112.704	30	153.403

CIRCONFÉRENCE DE 190 POUCES = A 15 P. 10 P.,

PRODUIT RÉDUIT AU GRAND CENT.

DÉDUCTION FAITE DU						SANS DÉDUCTION.	
CINQUIÈME.		SIXIÈME.		SEPTIÈME.			
LONG.	PRODUIT.	LONG.	PRODUIT.	LONG.	PRODUIT.	LONG.	PRODUIT.
pieds	solives.	pieds	solives.	pieds	solives.	pieds	solives.
1	3.343	1	3.627	1	3.837	1	5.223
2	6.685	2	7.254	2	7.674	2	10.446
3	10.028	3	10.881	3	11.511	3	15.668
4	13.370	4	14.508	4	15.348	4	20.891
5	16.713	5	18.135	5	19.186	5	26.114
6	20.056	6	21.762	6	23.023	6	31.337
7	23.398	7	25.389	7	26.860	7	36.560
8	26.741	8	29.016	8	30.697	8	41.782
9	30.183	9	32.643	9	34.534	9	47.005
10	33.426	10	36.270	10	38.371	10	52.228
11	36.769	11	39.897	11	42.208	11	57.451
12	40.111	12	43.524	12	46.045	12	62.674
13	43.454	13	47.151	13	49.882	13	67.896
14	46.796	14	50.778	14	53.719	14	73.119
15	50.139	15	54.404	15	57.557	15	78.342
16	53.481	16	58.031	16	61.394	16	83.565
17	56.824	17	61.658	17	65.231	17	88.788
18	60.167	18	65.285	18	69.068	18	94.010
19	63.509	19	68.912	19	72.905	19	99.233
20	66.852	20	72.539	20	76.742	20	104.456
21	70.194	21	76.166	21	80.579	21	109.679
22	73.537	22	79.793	22	84.416	22	114.902
23	76.880	23	83.420	23	88.253	23	120.124
24	80.222	24	87.047	24	92.090	24	125.347
25	83.565	25	90.674	25	95.928	25	130.570
26	86.907	26	94.301	26	99.765	26	135.793
27	90.250	27	97.928	27	103.602	27	141.016
28	93.593	28	101.555	28	107.439	28	146.238
29	96.935	29	105.182	29	111.276	29	151.461
30	100.278	30	108.809	30	115.113	30	156.684

CIRCONFÉRENCE DE 192 POUCES = A 16 PIEDS,

PRODUIT RÉDUIT AU GRAND CENT.

DÉDUCTION FAITE DU						SANS DÉDUCTION.	
CINQUIÈME.		SIXIÈME.		SEPTIÈME.			
LONG.	PRODUIT.	LONG.	PRODUIT.	LONG.	PRODUIT.	LONG.	PRODUIT.
pieds	solives.	pieds	solives.	pieds	solives.	pieds	solives.
1	3.413	1	3.704	1	3.918	1	5.333
2	6.827	2	7.407	2	7.837	2	10.667
3	10.240	3	11.111	3	11.755	3	16.000
4	13.653	4	14.815	4	15.673	4	21.333
5	17.067	5	18.519	5	19.592	5	26.667
6	20.480	6	22.222	6	23.510	6	32.000
7	23.893	7	25.926	7	27.428	7	37.333
8	27.307	8	29.630	8	31.347	8	42.667
9	30.720	9	33.333	9	35.265	9	48.000
10	34.133	10	37.037	10	39.184	10	53.333
11	37.547	11	40.741	11	43.102	11	58.667
12	40.960	12	44.444	12	47.020	12	64.000
13	44.373	13	48.148	13	50.939	13	69.333
14	47.787	14	51.852	14	54.857	14	74.667
15	51.200	15	55.556	15	58.775	15	80.000
16	54.613	16	59.259	16	62.694	16	85.333
17	58.027	17	62.963	17	66.612	17	90.667
18	61.440	18	66.667	18	70.530	18	96.000
19	64.853	19	70.370	19	74.449	19	101.333
20	68.267	20	74.074	20	78.367	20	106.667
21	71.680	21	77.778	21	82.285	21	112.000
22	75.093	22	81.481	22	86.204	22	117.333
23	78.507	23	85.185	23	90.122	23	122.667
24	81.920	24	88.889	24	94.041	24	128.000
25	85.333	25	92.593	25	97.959	25	133.333
26	88.747	26	96.296	26	101.877	26	138.667
27	92.160	27	100.000	27	105.796	27	144.000
28	95.573	28	103.704	28	109.714	28	149.333
29	98.987	29	107.407	29	113.632	29	154.667
30	102.400	30	111.111	30	117.551	30	160.000

Un Tarif pour la réduction des arbres en grume est sans contredit nécessaire au commerce du bois; mais ce tarif paraîtrait très-incomplet s'il n'était point suivi de tables de comparaison entre les mesures et les modes de réduction entre eux, pour leurs rapports et leurs prix correspondants.

Le système ancien devant nécessairement disparaître un jour, ne pourra plus être utile; aussi est-il vrai de dire que la connaissance de ses différents rapports avec le nouveau nous sera long-temps nécessaire, ne fût-ce que par simple curiosité.

La Restauration a divisé notre unité de mesure décimale en trois (le mètre), parties égales entre elles qu'elle a nommé *pied*, et duquel il a fallu faire usage. On lui a donné les mêmes sous-multiples qu'au pied ancien, mais sa valeur est différente, et cette différence ne peut qu'exister dans tous ses multiples et sous-multiples comme dans toutes ses puissances, non-seulement de ces deux unités de mesure, mais encore avec le mètre et toutes autres avec lesquelles on pourrait les comparer.

Nos Tables de comparaison démontrent ces différences; savoir :

La Table N° 1er compare les fractions aliquotes ou duodécimales du pied usuel comme du pied ancien en fractions décimales; et réciproquement ces dernières en fractions duodécimales du même pied.

La 2e Table compare le stère ou mètre cube en valeur, 1° de la solive usuelle, qui a pour origine le pied usuel ou tiers de mètre; 2° de la solive ancienne, qui a celle de l'ancien pied; 3° de la marque, unité de mesure ancienne usitée dans les environs de Rouen; laquelle est à la solive ancienne, comme cette dernière réduite au 6e est à la solive réduite sans déduction.

La 3e Table compare la solive usuelle au stère, à la solive ancienne et à la marque.

La 4e Table compare la solive ancienne au stère, à la solive usuelle et à la marque.

La 5e Table compare la marque au stère, à la solive usuelle et à la solive ancienne.

La 6e Table donne, à raison du prix du stère, le prix

1° de la solive usuelle ou métrique, 2° de la solive ancienne, 3° celui de la marque.

La 7e Table donne, à raison du prix de la solive usuelle, le prix 1° du stère, 2° de la solive ancienne, 3° celui de la marque.

La 8e Table donne, à raison du prix de la solive ancienne, le prix 1° du stère, 2° de la solive usuelle, 3° celui de la marque.

La 9e Table donne, à raison du prix de la marque, le prix 1° du stère, 2° de la solive usuelle, 3° de la solive ancienne.

Explication pour l'usage des Tables destinées à comparer les solives, produites par les quatre modes de réduction compris dans cet ouvrage.

La Table N° 10 est destinée à donner, à raison de la valeur du produit d'une solive réduite au 5e déduit de la circonférence, la valeur de la solive réduite 1° au 6e, 2° au 7e déduits, 3° de celle réduite au rond ou sans déduction.

La Table N° 11 est destinée à donner la valeur du produit d'une solive réduite au 6e de la circonférence, le produit correspondant de la valeur 1° de la solive réduite au 5e, 2° au 7e, 3° de celle réduite au rond.

La Table N° 12 est destinée à donner la valeur du produit d'une solive réduite au 7e déduit de la circonférence, le produit correspondant 1.° de la solive réduite au 5e, 2° au 6e, 3° au rond.

La Table N° 13 est destinée à donner la valeur du produit d'une solive réduite au rond ou sans déduction de la circonférence, le produit correspondant de la solive réduite 1° au 5e, 2° au 6e, 3.° au 7e déduits.

Rapport ou Correspondance des prix entre eux.

La Table N° 14 donne, à raison du prix de la solive réduite au 5e déduit, le prix correspondant de la solive réduite 1° au 6e, 2° au 7e, 3° sans déduction.

La Table N° 15 donne, à raison du prix de la solive réduite au 6e déduit, le prix correspondant de la solive réduite 1° au 5e, 2° au 7e, 3° au rond.

La Table N° 16 donne, à raison du prix de la solive réduite au 7e déduit, le prix correspondant de la solive réduite 1° au 5e, 2° au 6e déduits, 3° au rond.

La Table N° 17 donne, à raison du prix de la solive réduite sans déduction ou au rond, le prix correspondant de la solive réduite 1° au 5e, 2° au 6e, 3° au 7e déduits.

La Table N° 18 est pour rendre la valeur du pouce linéaire, soit usuel, soit ancien, en valeur du mètre linéaire, pour l'un comme pour l'autre pouce, depuis 12 jusqu'à 200 pouces.

La Table N° 19 est la comparaison des centimètres linéaires, de trois centimètres en trois centimètres, en valeur correspondante du pouce usuel et du pouce ancien, depuis 33 centimètres jusqu'à 5 mètres 58 centimètres.

La Table N° 20 compare le pouce usuel et le pouce ancien entre eux, depuis 1 jusqu'à 200 pouces.

Ces trois dernières tables, N°s 18, 19 et 20, sont destinées à comparer les circonférences prises avec une unité de mesure, et à en rendre la valeur correspondante des deux autres comprises dans chaque table.

La Table N° 21 est la comparaison à raison du prix du cent de solives, combien est le prix correspondant de celui de la solive, du 1/10, du 1/100, du 1/1000 de solive, soit usuelle, soit ancienne; et encore du prix du décistère correspondant de l'une à l'autre solive, depuis 100 francs le cent, de cinq en cinq francs, jusqu'à 1,500 francs.

Cette même table peut servir pour connaître le prix des fractions décimales de solive, comme du décistère à raison de celui de la solive.

Par exemple, si 100 solives sont au prix de 545 francs, la solive vaudra 5 francs 45 centimes, soit qu'elle soit de valeur usuelle, soit qu'elle soit de valeur ancienne; le 1/10 vaudra 54 centimes 50 centièmes de centime (ou 1/2), le 1/100 vaudra 5 centimes 45 centièmes de centime, et le 1/1000 de solive vaudra 545 millièmes de centime.

Il n'en est pas de même de la valeur correspondant au décistère; car, si la solive est de valeur usuelle, le décistère vaudra 4 francs 90 centimes 50 centièmes de centime; si la solive est de valeur ancienne, le décistère vaudra 5 francs 29 centimes 99 centièmes de centime.

INSTRUCTION

POUR L'USAGE DES TABLES

Qui se trouvent à la fin de l'Ouvrage.

ARTICLE PREMIER.

§. Ier.

La Table n° 1er est destinée à comparer respectivement les fractions décimales de solive, réduites en fractions anciennes de solive, soit de la solive usuelle, soit de la solive ancienne.

Cette table est partagée en 2 petits tableaux ou parties :

La première, à gauche, est la comparaison des fractions décimales de solive, réduites en valeur de pieds, pouces et lignes-solives, depuis la solive jusqu'à 1/1000.

La deuxième partie, à droite, est la comparaison des pieds, pouces et lignes-solives, depuis 1 ligne jusqu'à la solive, ou 6 pieds-solives.

§. II.

Manière de faire usage de cette Table.

Soit au bas d'un mémoire ou d'une réduction, un résultat de 27 solives 363/1000 qu'on veut réduire en pieds, pouces et lignes.

Prenez sur le petit tableau de gauche, colonne des millièmes, et posez chaque résultat comme en l'exemple ci-dessous :

1° Pour » sol.	003/1000	= » sol.	» pi.	» po.	2 lig.	592/1000
2° Pour »	060	= »	»	4	3	840/1000
3° Pour »	300	= »	1	9	7	200/1000

Donc que 363/1000 = » sol. 2 pi. 2 po. 1 lig. 632/1000 de ligne.

Si l'on veut faire la comparaison inverse, c'est-à-dire comparer cette dernière quantité de 2 pieds 2 pouces

1 ligne 632 millièmes de ligne en valeur de fractions décimales de solive, on peut y parvenir en prenant sur le petit tableau, à droite de la même table.

Observations. Ce petit tableau semble ne donner aucun résultat au-dessous des lignes; et cependant nous avons 632/1000 de ligne que nous devons aussi comparer pour donner une idée de la justesse de nos tables. Une ligne ne donne ici le produit qu'à la 3e décimale; donc que deux millièmes ne peuvent en donner qu'à la 6e. Ainsi, en prenant dans cette table pour la valeur de 2 lignes, nous aurions 00231/100000 en valeur de solive; mais voulant avoir celle de 2/1000 de ligne en fractions décimales de solive, nous les obtiendrons en reculant la décimale de deux chiffres de droite à gauche, et nous aurons 000002 pour valeur de 2/1000 de ligne-solive.

Opérant de même pour 30/1000 de ligne, nous obtiendrons 00035/100000 de solive; et pour 600/1000 de ligne, la quantité 000694/100000.

Reprenant notre opération pour exemple, prenez :

1° Pour 002/100 de ligne. . . . . =	000002
2° Pour 30 *id*.	000035
3° Pour 600 *id*.	000694
4° Pour 1 ligne.	001157
5° Pour 2 pouces.	027778
6° Pour 2 pieds.	333333

Ainsi 2 pi. 2 po. 1 lig. 632/1000 = 362999 valeur décimale de solive.

Cet exemple doit suffire pour quiconque voudrait pousser les résultats à la rigueur.

ARTICLE 2e.

§. Ier.

Manière de faire usage des Tables N°s 2, 3, 4 et 5.

Elles sont destinées à la comparaison du stère, de la solive usuelle, de la solive ancienne et de la marque ancienne.

§. II.

Soit un arbre en grume, dont la circonférence aurait été prise avec le mètre, qu'elle se soit trouvée être de 3 mètres 56 centimètres, et la longueur de 8 mètres, en faisant la réduction au rond, ou sans déduction de circonférence, par cette analogie, 4 : 1 :: 3,56 : x, ou simplement en prenant le 1/4 de la circonférence, il viendra pour premier résultat 0m 89 pour échantillon supposé, et qui, par sa multiplication par lui-même, donne l'aire moyen de l'arbre en grume dont s'agit, égal à une superficie de 0m 7921; laquelle, multipliée par huit mètres de longueur, produit pour dernier résultat un cube de la valeur de 6 stères 3368, que nous écrirons: 6 stères 337 millièmes.

§. III.

Manière de comparer le stère à la solive usuelle.

Observation nécessaire. Il faut observer que la réduction que nous venons de faire est faite au rond, que les résultats suivants seront des produits de valeur de réduction au rond, quelle que soit l'unité de mesure à laquelle on puisse les comparer.

Voyez la Table N° 2, colonne des solives usuelles, et prenez :

1° Pour	» st.	007 =	» sol.	0630
2° Pour	»	030	»	2700
3° Pour	»	300	2	7000
4° Pour	6	000	54	0000

6 st. 337 = 57 sol. 0330, valeur usuelle au rond.

§. IV.

Manière de comparer le stère au rond à la solive ancienne.

Voyez la Table N° 2, colonne des solives anciennes, et prenez :

1° Pour	» st.	007 =	» sol.	0681
2° Po	»	030	»	2917
3° Pour	»	300	2	9174
4° Pour		000	58	3477

6 st. 337 = 61 sol. 6249, val. de solive au rond.

§. V.

Manière de comparer le stère à la marque.

Voyez la même Table N° 2, colonne de la marque, et prenez :

1° Pour	» st.	007 =	» marq.	0980
2° Pour	»	030	»	4201
3° Pour	»	300	4	2110
4° Pour	6	000	84	0207

6 st. 337 = 88 marq. 7398, valeur au rond.

§. VI.

Manière de comparer la solive usuelle au stère.

Voyez la Table N° 3, colonne du stère, et prenez :

1° Pour	» sol.	003 =	» st.	0003
2° Pour	»	030	»	0033
3° Pour	7	000	»	7778
4° Pour	50	000	5	5556

57 sol. 033 = 6 st. 3370, valeur au rond.

§. VII.

Manière de comparer la solive ancienne au stère.

Voyez la Table N° 4, colonne du stère, et prenez :

1° Pour	» sol.	0009 =	» st.	0001
2° Pour	»	0004	»	0004
3° Pour	»	0020	»	0121
4° Pour	»	0600	»	0617
5° Pour	1	0080	»	1028
6° Pour	60	0000	6	1699

61 sol. 0000 = 6 st. 3370

§. VIII.

Manière de comparer la marque au stère.

Voyez la Table N° 5, colonne du stère, et prenez :

1° Pour	» marq.	0400 =	» st.	0029
2° Pour	»	7000	»	0500
3° Pour	8	0000	»	5713
4° Pour	80	0000	5	7129

88 marq. 7400 = 6 st. 3371, valeur au rond.

Nous aurions opéré ces six exemples en deux opérations, comme ci-dessous, en employant toute la largeur de la Table N° 2.

§. IX.

Voyez la Table N° 2, et prenez :

	stères.		sol. usuelle.		sol. ancienne.		marque.
1° Pour	0.700	=	0.0630	=	0.0684	=	0.0980
2° Pour	0.030		0.2700		0.2917		0.4201
3° Pour	0.300		2.7000		2.9174		4.2010
4° Pour	6.000		54.0000		58.3477		84.0207
	6.337	=	57.0330	=	61.6249	=	88.7398

§. X.

Manière de comparer le stère au rond en le réduisant au 5e, au 6e et au 7e.

Voyez la Table N° 13, et prenez :

	au rond.		Pour le 5e.		Pour le 6e.		Pour le 7e.
1° Pour	0.007	=	0.0045	=	0.0049	=	0.0051
2° Pour	0.030		0.0192		0.0208		0.0220
3° Pour	0.300		0.1920		0.2083		0.2204
4° Pour	6.000		3.8400		4.1667		4.4082
	6.337	=	4.0557	=	4.4007	=	4.6557

Tous ces résultats sont de la valeur des réductions indiquées en tête, et en stères.

§. XI.

Manière de réduire la solive usuelle de valeur au rond en valeur des réductions du 5e, du 6e et du 7e.

Voyez la Table N° 13, et prenez :

	au rond.		Pour le 5e.		Pour le 6e		Pour le 7e.
1° Pour	0.0030	=	0.0019	=	0.0021	=	0.0022
2° Pour	0.0300		0.0192		0.0208		0.0220
3° Pour	7.0000		4.4800		4.8611		5.1429
4° Pour	50.0000		32.0000		34.7222		36.7347
	57.0330	=	36.5011	=	39.6062	=	41.9018

§. XII.

Manière de réduire la solive ancienne de valeur au rond en valeur des réductions du 5e, du 6e et du 7e.

Voyez la Table No 13, et prenez :

	au rond.		Pour le 5e.		Pour le 6e.		Pour le 7e.
1° Pour	0.005	=	0.0032	=	0.0035	=	0.0037
2e Pour	0.020		0.0128		0.0139		0.0147
3° Pour	0.600		0.3840		0.4167		0.4408
4° Pour	1.000		0.6400		0.6944		0.7347
5° Pour	60.000		38.4000		41.6667		44.0816
	61.625	=	39.4400	=	42.7952	=	45.2755

§. XIII.

Manière de réduire la marque au rond en valeur des réductions du 5e, du 6e et du 7e.

Voyez la Table N° 13, et prenez :

	au rond.		Pour le 5e.		Pour le 6e		Pour le 7e.
1° Pour	0.0008	=	0.0005	=	0.0006	=	0.0009
2° Ponr	0.0090		0.0058		0.0063		0.0066
3° Pour	0.0300		0.0192		0.0208		0.0220
4° Pour	0.7000		0.4480		0.4861		0.5143
5° Pour	8.0000		5.1200		5.5556		5.8776
6° Pour	80.0000		51.2000		55.5556		58.7755
	88.7398	=	56.7935	=	61.6250	=	65.1909

§. XIV.

Au §. II de l'art. 2 nous avons prouvé qu'un arbre en grume de 8 mètres de longueur, et d'une circonférence de 3 mètres 56 centimètres, réduit sans déduction, produit 6 stères 337 millièmes.

Nous avons, art. 2, §. IX, comparé cette quantité à

1° La solive usuelle ; lequel arbre a produit 57 sol. 033
2° La solive ancienne, *id.*. 61 625
3° La marque, *id.*. . . . . . . 88 marq. 740

Tous ces résultats ne sont point sortis de la valeur des réductions faites sans déduction de la circonférence ou au rond.

Nous avons ensuite comparé cette même quantité de 6 stères 337 millièmes, valeur au rond,

1° Au 5e, qui a donné pour résultat, §. X, 4 st. 0557
2° Au 6e, *id*. 4 4007
3° Au 7e, *id*. 4 4657

La solive usuelle étant comparée art. 2, §. XI, donne pour résultat :

1° Réduite au cinquième déduit. . . 36 sol. 5011
2° Réduite au sixième déduit. 39 6062
3° Réduite au septième déduit. . . . 41 9018

Au même art., §. XII, la solive ancienne donne pour résultat :

1° Réduite au cinquième déduit. . . 39 sol. 4400
2° Réduite au sixième déduit. 42 7942
3° Réduite au septième déduit. . . . 45 2755

Au même art., §. XIII, la marque donne pour résultat :

1° Réduite au cinquième déduit. . . 56 marq. 7935
2° Réduite au sixième déduit 61 6250
3° Réduite au septième déduit. . . . 65 1969

ARTICLE 3e.

§. Ier.

De la Correspondance des prix.

Par le prix du stère réduit sans déduction, à raison de 60 francs, trouver celui de la solive usuelle, de la solive ancienne et de la marque.

Voyez la Table N° 6, colonne des francs, au nombre 60, sur la même ligne, vous trouverez :

1° Pour la solive usuelle. . . . 6f 66c 67c }
2° Pour la solive ancienne. . . 6 16,99 } valeur sans déduction.
3° Pour la marque. . . . . 4 28,47 }

§. II.

Par le prix du stère réduit sans déduction ou au rond, trouver celui du stère réduit au cinquième, au sixième et au septième déduits.

Voyez la Table N° 17, colonne des francs, sur la même ligne, vous trouverez :

1° Pour le cinquième déduit. . . . . 93f 75c 00c le stère.
2° Pour le sixième déduit. . . . . . . 86 40,00 *id*.
3° Pour le septième déduit . . . . . 81 66,67 *id*.

§. III.

Par le prix de la solive usuelle, réduite au rond, trouver celui de la même solive réduite au cinquième, au sixième et au septième.

Voyez la Table N° 17, et prenez, au rond :

		Cinquième.	Sixième.	Septième.
1° Pour	6f 00,00c =	9f 37,50c =	8f 64,00c =	8f 16,67c
2° Pour	» 60,00	» 93,75	» 86,40	» 81,67
3° Pour	» 06,00	» 09,38	» 08,64	» 08,17
4° Pour	» 00,60	» 00,94	» 00,86	» 00,82
5° Pour	» 00,07	» 00,09	» 00,09	» 00,09
	6f 66,67c =	10f 41,66c =	9f 59,99c =	9f 07,42c

§. IV.

Par le produit de la solive ancienne, au rond, trouver celui de la même solive réduite au cinquième, au sixième et au septième.

Voyez la Table N° 17, et prenez dessous la colonne, au rond :

		Cinquième.	Sixième.	Septième.
1° Pour	6f 00,00c =	9f 37,50c =	8f 64,00c =	8f 16,67c
2° Pour	» 10,00	» 15,63	» 14,40	» 13,61
3° Pour	» 07,00	» 10,94	» 10,08	» 09,54
	6f 17,00c =	9f 64,07c =	8f 88,48c =	8f 39,81c

Nous devons remarquer que la Table N° 13 compare toutes les unités de mesure réduites sans déduction, quel que soit le nombre des unités employées pour l'usage des bois en grume, soit au cinquième, au sixième ou au septième déduits. Il en est de même de l'usage de la Table N° 17 pour les prix différents des réductions.

Toutes les autres Tables, depuis le N° 10 inclus, ont bien le même emploi, mais chacune dans le mode de réduction qu'elle indique. Ce que nous verrons plus bas.

§. V.

Par le prix de la marque, réduite au rond, trouver celui de la même mesure réduite au cinquième, au sixième et au septième.

Voyez la 17ᵉ Table, prenez dessous la colonne, au rond :

		Cinquième.	Sixième.	Septième.
1° Pour	4ᶠ 00,00ᶜ =	6ᶠ 25,00ᶜ =	5ᶠ 76,00ᶜ =	5ᶠ 44,44ᶜ
2° Pour	» 20,00	» 31,25	» 28,80	» 27,22
3° Pour	» 08,00	» 12,50	» 11,52	» 10,89
4° Pour	» 00,40	» 00,63	» 00,58	» 00,54
5° Pour	» 00,07	» 00,11	» 00,10	» 00,10
	4ᶠ 28,47ᶜ =	6ᶠ 69,49ᶜ =	6ᶠ 17,00ᶜ =	5ᶠ 83,19ᶜ

§. VI.

Preuve des exemples donnés aux art. 2 et 3.

Art.	§.	Espèces.	Quanti.	Réduc.	Prix.	Art.	§.	Sommes.
2	2	stères.	6.3370	au rond.	60ᶠ 00,00	3	1	=380ᶠ 22,00
»	3	sol. usu.	57.0330		6 66,67	»	»	380 21,99
»	4	sol. anc.	61.6249		6 17,00	»	»	380 21,47
»	5	marque	88.7398		4 28,47	»	»	380 21,34
»	10	stères.	4.0557	5ᵉ	93 75,00	»	»	380 22,19
»	»	»	4.4007	6ᵉ	86 40,00	»	»	380 22,05
»	»	»	4.6557	7ᵉ	81 66,67	»	2	380 21,57
»	11	sol. usu.	36.5011	5ᵉ	10 21,66	»	3	380 21,74
»	»	»	39.6062	6ᵉ	9 60,00	»	»	380 21,95
»	»	»	41.9018	7ᵉ	9 07,41	»	»	380 22,11
»	12	sol. anc.	39.4400	5ᵉ	9 64,07	»	4	380 22,92
»	»	»	42.7942	6ᵉ	8 88,48	»	»	380 21,79
»	»	»	45.2755	7ᵉ	8 39,81	»	»	380 22,82
»	13	marque	56.7935	5ᵉ	6 69,49	»	5	380 22,68
»	»	»	61.6250	6ᵉ	6 17,00	»	»	380 22,53
»	»	»	65.1969	7ᵉ	5 83,19	»	»	380 22,18

Nous avons prouvé, par le rapport comparatif des seize exemples qui précèdent, qu'un arbre en grume, quel que soit le mode dont on se serve pour le mesurer, et l'unité de mesure employée, on ne peut pas changer sa valeur réelle.

Par ces mêmes exemples on voit que 6 stères 337 mill., à raison de 60 francs, forment une somme de 380 francs 22 centimes; et après avoir passé par toutes les unités de mesure et les modes de réduction, on voit aussi que la plus grande erreur en moins est de 68 centièmes de centime, et en plus de 82 centièmes de centime, si on peut appeler ceci une erreur.

Tous ces exemples ne prouvent pas moins la justesse des Tables dont nous avons fait usage pour les établir.

Non-seulement elles sont justes, mais encore par leur composition elles sont aussi utiles que curieuses.

Nous avons vu que la 2e Table nous a donné d'une valeur de stère, réduit au rond, celles de la solive usuelle, de la solive ancienne et de la marque.

La 6e Table nous a donné les prix comparatifs de ces valeurs. Les Tables, depuis la 2e jusqu'à la 5e incluse, donnent les comparaisons des quantités.

La même Table, jusques et compris la 9e, donnent la comparaison des prix : elles ont la propriété de comparer les quantités et les prix des modes de réduction qu'on leur soumet, comme dans les deux exemples suivants.

1er EXEMPLE.

Produit de la marque, réduite au septième déduit, comparé au stère, à la solive usuelle et à la solive ancienne.

Voyez la 5e Table, et prenez à toutes les colonnes :

	Marques.		Stères.		Sol. usu.		Sol. anc.
1° Pour	60.0000	=	4.2847	=	38.5619	=	41.6667
2° Pour	5.0000		0.3571		3.2135		3.4722
3° Pour	0.1000		0.0071		0.0643		0.0694
4° Pour	0.0900		0.0064		0.0578		0.0625
5° Pour	0.0060		0.0004		0.0039		0.0009
6° Pour	0.0009		0.0001		0.0006		0.0006
	65.1969	=	4.6558	=	41.9020	=	45.2756

2e EXEMPLE.

Prix de la marque, réduite au septième déduit, art. 3, ex. 5, à raison de 5 francs 83 centimes 19 centièmes de cent.

Voyez la 9e Table, et prenez dessous toutes les colonnes :

	Marques.	Stères.	Sol. anc.	Sol. usu.
1° Pour	5f 00,00 =	70f 01,73 =	7f 77,97 =	7f 20,00
2° Pour	» 80,00	11 20,28	1 24,47	1 15,20
3° Pour	» 03,00	» 42,01	» 04,67	» 04,32
° Pour	» 00,10	» 01,40	» 00,16	» 00,14
5° Pour	» 00,09	» 01,26	» 00,14	» 00,13
	5 83,19 =	81 66,68 =	9 07,41 =	8 39,79

Preuve des deux exemples ci-dessus.

4 stères 6558 millièmes au septième déduit, à raison de 81 francs 66 cent. 68 centièmes de cent. = 380 fr. 22,43.

41 solives usuelles 9010 millièmes au septième déduit, à 9 francs 7 cent. 51 centièmes de cent. = 380 fr. 22,29

45 solives anciennes 2756 millièmes au septième déduit, à 8 francs 39 cent. 79 centièmes de cent. = 380 fr. 22,00.

Quoique ces deux exemples soient la troisième comparaison successive de la quantité de 6 stères 337 millièmes en grume, cette quantité est convertie, sous la réduction du septième déduit, en stères, en solives usuelles et en solives anciennes, avec leurs prix respectifs et proportionnels.

ARTICLE 4e.

§. Ier.

Maintenant nous allons opérer à l'aide du Tarif, sans lequel nous avons démontré jusqu'ici tous les exemples pour l'usage des Tables.

Soit un arbre en grume de 103 pouces de circonférence, mesure ancienne. Ce nombre étant impair, nous ne pouvons le trouver sur nos Tables de réduction ; il faut y suppléer en prenant la circonférence inférieure, et ensuite la supérieure, c'est-à-dire prendre celle de 102 pouces. (Voir sur la série des longueurs). L'arbre dont s'agit ayant

5 pieds 6 pouces, nous ne la trouverons pas; mais en doublant cette longueur, nous obtiendrons pour celle supposée 11 pieds; lesquels donnent pour produit, au rond (voyez page 46 du tarif, où il est écrit en tête : circonférence de 102 pouces = 8 pieds 6 pouces), 11 pieds de longueur. Vous trouverez dans le petit tableau, au-dessus duquel est aussi écrit : sans déduction, le produit être de 16 solives 557 centièmes, ci.. . . . . 16.557

Ensuite, voyez page 47, pareil petit tableau, circonférence de 104 pouces, même longueur, vous trouverez le produit être de 17 solives 213 centièmes, ci. 17.213

Total des deux produits. . . . 33.778

Il faut observer 1° que ce produit est celui de deux circonférences paires en nombre, et que, pour avoir le produit désiré, il faut prendre la moitié du total, ci. 16.885

2° La longueur étant double, puisqu'elle n'est réellement que de 5 pieds 6 pouces, il faut, pour avoir le produit de l'arbre en grume dont s'agit, diviser ce dernier produit par deux, que nous écrivons 8 solives 443 centièmes, ci.. . . . . . . 8.443

Supposez à 8 francs l'une, ci . . . . 67 fr. 54 c.

Si on veut savoir combien le même arbre aurait contenu de solives usuelles s'il avait été calculé sur cette unité de mesure, on prendra, dans la 4e Table, colonne des solives usuelles :

	Sol. anc.		Sol. usu.
1° Pour	8.0000	=	7.4039
2° Pour	0.4000		0.3702
3° Pour	0.0400		0.0370
4° Pour	0.0030		0.0028
	8.4430	=	7.8139

Donc que 8 solives anciennes 443 centièmes ne valent que 7 solives usuelles 8139 millièmes.

Ces deux quantités sont d'une même valeur, quoique le nombre de solives soit différent; c'est-à-dire qu'en soumettant à cette table une quantité de solives anciennes, elle nous rend un produit en solives usuelles.

Si on veut savoir le prix de cette solive à raison de celui de la solive ancienne, voyez la 8e Table, ligne à 8 francs la solive, dans la colonne où il est écrit en tête : de la solive usuelle, vous trouverez 8 francs 64 centimes 41 centièmes de centime; laquelle somme, multipliée par 7 solives 8139 millièmes, donne pour produit celle de 67 francs 54 centimes 41 centièmes de centime.

ARTICLE 5e.

§. Ier.

De la Marque.

La marque est une ancienne unité de mesure qui, avant la Révolution de 1789, était usitée dans les environs de Rouen; elle était composée de 3600 pouces cubes, et se divisait par quart et par chevilles. Le quart contenait 900 pouces cubes, ou 75 chevilles; et la cheville, 12 pouces cubes. La marque était donc composée de 300 chevilles de chacune 12 pouces cubes.

Le quart de marque étant de 75 chevilles, il égalait à 4 pieds 2 pouces de la solive ancienne. Enfin la solive ancienne est à la marque ancienne, comme 36 est à 25, et la marque est à la solive :: 25 : à 36.

§. II.

La marque usuelle est aussi composée de 3600 pouces usuels, et divisée en 300 chevilles; elle est aussi égale à 4 pieds 2 pouces de la solive usuelle. Toutes ses proportions avec cette solive sont donc les mêmes que celles de la marque ancienne avec la solive ancienne; mais les valeurs sont différentes, puisque la solive ancienne contient 5184 pouces cubes anciens, et que la solive usuelle en contient 5601 pouces 38 cent., etc. = 5184 pouces usuels.

La disproportion qui existe entre la solive ancienne et la solive usuelle est nécessairement celle qui est entre la marque ancienne et la marque usuelle : les mêmes Tables peuvent donc servir à les comparer.

La 4e Table, destinée à comparer la solive ancienne avec la solive usuelle, peut aussi comparer la marque ancienne avec la marque usuelle.

La 3e Table, destinée à la comparaison de la solive usuelle avec la solive ancienne, peut comparer la marque usuelle avec la marque ancienne. Il en est de même pour les prix de chacune de ces unités de mesure : les 7e et 8e Tables nous serviront à ce sujet. Nous allons en donner deux exemples.

§. III.

A l'art. 2, §. IX, nous avons prouvé que 6 stères 337 millièmes étaient égaux à 88 marques 7398 millièmes ; et leur prix, art 3, §. Ier, être de 4 francs 28 centimes 47 centièmes.

1er EXEMPLE.

Voyez la 4e Table, sur la case des solives usuelles, et prenez :

1° Pour	80.0000	=	74.0389
2° Pour	8.0000		7.4039
3° Pour	0.7000		0.6478
4° Pour	0,0300		0.0278
5° Pour	0.0090		0.0083
6° Pour	0.0008		0.0007
	88.7398	=	82.1274 marques usuelles.

Pour le prix, voyez la 8e Table, sur la case des solives usuelles, et prenez :

1° Pour	4 f 00,00	=	4 f 32,21
2° Pour	» 20,00		» 21,61
3° Pour	» 08,00		» 08,64
4° Pour	» 00,40		» 00,43
5° Pour	» 00,07		» 00,08
	4 28,47	=	4 62,97

Preuve : 82 marques 1274 millièmes à 4 francs 62 cen-97 centièmes = 380 francs 22 centimes 52 centièmes.

2e EXEMPLE.

Soit 82 marques usuelles 1274 millièmes à comparer en marques anciennes.

Voyez la Table N° 3, case des solives anciennes, et prenez :

	Marques usu.		Marques anc.
1° Pour	80.0000	=	86.4411
2° Pour	2.0000		2.1610
3° Pour	0.1000		0.1080
4° Pour	0.0200		0.0216
5° Pour	0.0070		0.0076
6° Pour	0.0004		0.0004
	82.1274	=	88.7397

Pour le prix, voyez la Table N° 7, case des solives anciennes, et prenez :

1° Pour	4 f 00,00	=	3 f 70,19
2° Pour	» 60,00		» 55,53
3° Pour	» 02,00		» 01,85
4° Pour	» 00,90		» 00,83
5° Pour	» 00,07		» 00,06
	4 f 62,97	=	4 f 28,46

Ces deux exemples présentent eux-mêmes leurs vérifications ou preuves, puisque nous avons, avec la marque ancienne réduite au rond, trouvé son rapport avec la marque usuelle, valeur au rond; et avec la marque usuelle nous avons retrouvé la marque ancienne et son prix primitif.

ARTICLE 6e.

§. Ier.

Des circonférences extraordinaires.

Nous considérons comme circonférences extraordinaires celles qui sont au-dessus de la dernière comprise dans notre Tarif (16 pieds), et c'est pour aider à la réduction d'une plus forte que nous allons enseigner le moyen d'y parvenir.

S'il s'en trouvait une au-delà de celle ci-dessus, on la diviserait par deux, quelle qu'elle soit, pour la rendre égale à une portée dans les Tables de réduction, et en multipliant le produit par quatre il donnera celui que l'on désire avoir.

EXEMPLE.

Soit un arbre de 28 pieds de circonférence = 336 pouces, dont la moitié est de 168 pouces. Voyez au Tarif où il est écrit en tête : Circonférence de 168 pouces = 14 pieds, à la ligne 20 pieds de longueur; supposant que l'arbre soit de cette longueur, vous trouverez un produit, savoir :

1° Au cinquième déduit, de. . .	52 sol.	267	millièmes.
2° Au sixième déduit, de	56	713	*id.*
3° Au septième déduit, de. . . .	60	000	*id.*
4° Sans déduction.	81	667	*id.*

Multipliez le produit de l'arbre ci-dessus par quatre, suivant le mode de réduction que vous aurez choisi des quatre sus-indiqués, et le résultat vous donnera, pour exemple au rond, 326 solives 667 millièmes.

Si le nombre des pouces de la circonférence était impair, on opérerait comme en l'art. 4.

ARTICLE 7e.

§. Ier.

Soit une livraison ou un mémoire d'arbres en grume réduits au sixième déduit, composé comme ci-dessous :

			Pouces.	Solives.
1°	25	pieds de long., circonférence de	18 =	0.814
2°	30	*id.*	24	1.736
3°	22	*id.*	28	1.733
4°	17	*id.*	36	2.214
5°	19	*id.*	42	3.266
6°	23	*id.*	54	6.738
7°	25	*id.*	60	9,042
8°	29	*id.*	72	15.104
9°	27	*id.*	80	17.354
10°	23	*id.*	90	18.717
		Total du mémoire.		76.718

Dans cet exemple toutes les circonférences sont en nombres pairs de pouces, et dans le cas où il y en aurait d'un nombre impair, on peut doubler la circonférence qui, en la supposant de 23 pouces, et la longueur de 24 pieds, donnera 46 pouces. Voyez au Tarif où il est écrit en tête :

Circonférence de 46 pouces = à 3 pieds 10 pouces, et sur la série des longueurs, pour le mode de réduction, supposez qu'il soit au rond, vous trouverez un produit de 7 solives 347 millièmes; mais ce produit étant quatre fois le réel, nous devons le diviser par 4, ou la longueur de 24 pieds qui est aussi divisible. Ainsi, dans l'un comme dans l'autre cas, nous obtiendrons également 1 solive 837 millièmes; car le quart de 7 solives 347 millièmes = 1. 837, comme 6 pieds de longueur sur 46 pouces de circonférence = 1 sol. 837 millièmes.

Soit de cette manière ou de celle indiquée par l'art. 4, on pourra toujours réduire une circonférence en nombre impair de pouces usuels ou anciens.

§. II.

Comparaison de la solive usuelle réduite au sixième déduit avec le stère (art. 2, §. XI).

Voyez la Table N° 3, et prenez :

	Solives.		Stères.
1° Pour	30.0000	=	3.3333
2° Pour	9.0000		1.0000
3° Pour	0.6000		0.0667
4° Pour	0.0060		0.0007
	32.6060	=	4.4007

Ce dernier exemple est une répétition de celui donné au §. X de l'article 2, à la différence seulement qu'il donne directement la comparaison du stère au sixième déduit, et que le premier a trois comparaisons successives au rond. Les Tables pour les comparer ne sont point les mêmes, et cependant les résultats sont exactement pareils jusqu'à la quatrième décimale, ce qui est une preuve incontestable de l'extrême justesse de nos Tables de comparaison.

TABLES

De Comparaison.

10

Table N° 1er,

Pour comparer les fractions décimales de solives avec les fractions anciennes de la même solive, et réciproquement.

FRACT. de SOLIVES.	VALEUR EN Pieds	Pouc.	Lign.	Fract	LIGNES.	VALEUR en solive et fractions.
0001	»	»	»	864	1	00,11,67
0002	»	»	1	728	2	00,23,15
0003	»	»	2	592	3	00,34,72
0004	»	»	3	456	4	00,46,30
0005	»	»	4	320	5	00,57,87
0006	»	»	5	184	6	00,69,44
0007	»	»	6	048	7	00,81,02
0008	»	»	6	912	8	00,92,59
0009	»	»	7	776	9	01,04,17
0010	»	»	8	640	10	01,15,74
0020	»	1	5	280	11	01,27,31
0030	»	2	1	920	Pou. 1	01,38,89
0040	»	2	10	560	2	02,77,78
0050	»	3	7	200	3	04,16,67
0060	»	4	3	840	4	05,55,56
0070	»	5	»	480	5	06,94,44
0080	»	5	9	120	6	08,33,33
0090	»	6	5	760	7	09,72,22
0100	»	7	2	400	8	11,11,11
0200	1	2	2	400	9	12,50,00
0300	1	9	7	200	10	13,88,88
0400	2	4	9	600	11	15,77,78
0500	3	»	»	»	Pie. 1	16,66,67
0600	3	7	2	400	2	33,33,33
0700	4	2	4	800	3	50,00,00
0800	4	9	7	200	4	66,66,67
0900	5	4	9	600	5	83,33,33
1000	6	»	»	»	6	1.00,00,00
1 solive	6	»	»	»		

Table N° 2,

Pour comparer le stère avec la solive usuelle, la solive ancienne et la marque.

STERES.	VALEUR CORRESPONDANT EN		
	Solives usu.	Solives anc.	Marques.
0.001	0.0090	0.0097	0.0140
0.002	0.0180	0.0194	0.0280
0.003	0.0270	0.0292	0.0420
0.004	0.0360	0.0389	0.0560
0.005	0.0450	0.0486	0.0700
0.006	0.0540	0.0583	0.0840
0.007	0.0630	0.0681	0.0980
0.008	0.0780	0.0778	0.1120
0.009	0.0810	0.0875	0.1260
0.010	0.0900	0.0973	0.1400
0.020	0.1800	0.1945	0.2801
0.030	0.2700	0.2917	0.4201
0.040	0.3600	0.3889	0.5601
0.050	0.4500	0.4862	0.7002
0.060	0.5400	0.5835	0.8412
0.070	0.6300	0.6807	0.9803
0.080	0.7200	0.7780	1.1203
0.090	0.8100	0.8752	1.2603
0.100	0.9000	0.9725	1.4003
0.200	1.8000	1.9449	2.8007
0.300	2.7000	2.9174	4.2010
0.400	3.6000	3.8898	5.6014
0.500	4.5000	4.8023	7.0017
0.600	5.4000	5.8348	8.4021
0.700	6.3000	6.8072	9.8024
0.800	7.2000	7.7798	11.2028
0.900	8.1000	8.7522	12.6031
1.000	9.0000	9.7246	14.0035
2.000	18.0000	19.4492	28.0069

Suite de la Table N° 2.

STERES.	VALEUR CORRESPONDANT EN		
	Solives usu.	Solives anc.	Marques.
3.000	27.0000	29.1739	42.0104
4.000	36.0000	38.8985	56.0138
6.000	54.0000	48.6231	70.0173
7.000	63.0000	68.0724	98.0207
8.000	72.0000	77.7970	112.0277
9.000	81.0000	87.5216	126.0311
10.000	90.0000	97.2462	140.0346
20.000	180.0000	194.4924	280.0692
30.000	270.0000	291.7386	420.1038
40.000	360.0000	388.9849	560.1384
50.000	450.0000	486.2311	700.1730
60.000	540.0000	583.4773	840.2076
70.000	630.0000	680.7235	980.2422
80.000	720.0000	777.9698	1120.2767
90.000	810.0000	875.2152	1260.3114
100.000	900.0000	972.4622	1400.3460

Table N° 3,

Pour comparer la solive usuelle avec le stère, la solive ancienne et la marque.

SOLIVES USUELLES.	VALEUR CORRESPONDANT EN		
	Stères.	Solives anc.	Marques.
0.001	0.0001	0.0011	0.0016
0.002	0.0002	0.0022	0.0031
0.003	0.0003	0.0032	0.0047
0.004	0.0004	0.0043	0.0062
0.005	0.0006	0.0054	0.0078
0.006	0.0007	0.0065	0.0093
0.007	0.0008	0.0076	0.0109
0.008	0.0009	0.0086	0.0124
0.009	0.0010	0.0097	0.0140
0.010	0.0011	0.0108	0.0156
0.020	0.0022	0.0216	0.0311
0.030	0.0033	0.0324	0.0467
0.040	0.0044	0.0432	0.0622
0.050	0.0056	0.0540	0.0778
0.060	0.0067	0.0648	0.0934
0.070	0.0078	0.0756	0.1089
0.080	0.0089	0.0864	0.1245
0.090	0.0100	0.0972	0.1403
0.100	0.0111	0.1081	0.1556
0.200	0.0222	0.2161	0.3112
0.300	0.0333	0.3242	0.4668
0.400	0.0444	0.4322	0.6224
0.500	0.0556	0.5403	0.7780
0.600	0.0667	0.6483	0.9336
0.700	0.0778	0.7564	1.0892
0.800	0.0889	0.8644	1.2448
0.900	0.1000	0.9725	1.4003
1.000	0.1111	1.0805	1.5559
2.000	0.2222	2.1610	3.1119

Suite de la Table N° 3.

SOLIVES USUELLES.	VALEUR CORRESPONDANT EN		
	Stères.	Solives anc.	Marques.
3.000	0.3333	3.2415	4.6678
4.000	0.4444	4.3222	6.2238
5.000	0.5556	5.4026	7.7797
6.000	0.6667	6.4831	9.3346
7.000	0.7778	7.5636	10.8916
8.000	0.8889	8.6441	12.4475
9.000	1.0000	9.7242	14.0035
10.000	1.1111	10.8051	15.5594
20.000	2.2222	21.6103	31.1188
30.000	3.3333	32.4154	46.6782
40.000	4.4444	43.2205	62.2376
50.000	5.5556	54.0257	77.7970
60.000	6.6667	64.8308	93.3564
70.000	7.7778	75.6359	108.9158
80.000	8.8889	86.4411	124.4752
90.000	10.0000	97.2462	140.0345
100.000	11.1111	108.0513	155.5939
200.000	22.2222	216.1027	311.1879
300.000	33.3333	324.1540	466.7818
400.000	44.4444	432.2054	622.3758
500.000	55.5556	540.2567	777.9697
600.000	66.6667	648.3081	933.5637
700.000	77.7778	756.3594	1080.1576
800.000	88.8889	864.4108	1244.7516
900.000	100.0000	972.4621	1400.3455
1000.000	111.1111	1080.5135	1555.9394

Table N° 4,

Pour comparer la solive ancienne avec le stère, la solive usuelle et la marque.

SOLIVES ANCIENNES.	VALEUR CORRESPONDANT EN		
	Stères.	Solives usu.	Marques.
0.001	0.0001	0.0009	0.0014
0.002	0.0002	0.0019	0.0029
0.003	0.0003	0.0028	0.0043
0.004	0.0004	0.0037	0.0058
0.005	0.0005	0.0046	0.0072
0.006	0.0006	0.0056	0.0086
0.007	0.0007	0.0065	0.0101
0.008	0.0008	0.0074	0.0115
0.009	0.0009	0.0083	0.0130
0.010	0.0010	0.0093	0.0144
0.020	0.0021	0.0185	0.0288
0.930	0.0031	0.0278	0.0432
0.040	0.0041	0.0370	0.0576
0.050	0.0051	0.0463	0.0720
0.060	0.0062	0.0555	0.0864
0.070	0.0072	0.0648	0.1008
0.080	0.0082	0.0740	0.1152
0.090	0.0093	0.0833	0.1296
0.100	0.0103	0.0925	0.1400
0.200	0.0205	0.1851	0.2880
0.300	0.0308	0.2776	0.4320
0.400	0.0410	0.3702	0.5760
0.500	0.0514	0.4627	0.7200
0.600	0.0617	0.5553	0.8640
0.700	0.0720	0.6478	1.0080
0.800	0.0823	0.7402	1.1520
0.900	0.0905	0.8329	1.2960
1.000	0.1028	0.9255	1.4400
2.000	0.2057	1.8510	2.8800

Suite de la Table N° 4.

SOLIVES ANCIENNES.	VALEUR CORRESPONDANT EN		
	Stères.	Solives usu.	Marques.
3.000	0.3085	2.7765	4.3200
4.000	0.4113	3.7019	5.7600
5.000	0.5142	4.6274	7.2000
6.000	0.6170	5.5529	8.6400
7.000	0.7198	6.4784	10.0800
8.000	0.8227	7.4039	11.5200
9.000	0.9255	8.3294	12.9600
10.000	1.0283	9.2549	14.4000
20.000	2.0566	18.5097	28.8000
30.000	3.0850	27.7646	43.2000
40.000	4.1133	37.0194	57.6000
50.000	5.1416	46.2743	72.0000
60.000	6.1699	55.5292	86.4000
70.000	7.1982	64.7840	100.8000
80.000	8.2265	74.0389	115.2000
90.000	9.2549	83.2937	129.6000
100.000	10.2832	92.5586	144.0000
200.000	20.5664	185.0972	288.0000
300.000	30.8495	277.6458	432.0000
400.000	41.1327	370.1944	576.0000
500.000	51.4159	462.7429	720.0000
600.000	61.6993	555.2915	864.0000
700.000	71.9822	647.8401	1008.0000
800.000	82.2654	740.3887	1152.0000
900.000	92.5486	832.9373	1296.0000
1000.000	102.8318	925.4869	1440.0000

Table N° 5,

Pour comparer la marque avec le stère, la solive usuelle et la solive ancienne.

MARQUES.	VALEUR CORRESPONDANT EN		
	Stères.	Solives usu.	Solives anc.
0.001	0,0001	0.0006	0.0007
0,002	0.0001	0.0013	0.0014
0.003	0.0002	0.0019	0.0021
0.004	0.0003	0,0026	0.0028
0.005	0.0004	0.0032	0.0035
0.006	0.0004	0,0039	0.0042
0.007	0.0005	0.0045	0.0049
0.008	0.0006	0.0051	0.0056
0.009	0.0006	0.0058	0.0063
0.010	0.0007	0.0064	0.0069
0.020	0.0014	0.0139	0.0139
0,030	0.0021	0.0193	0.0208
0.040	0.0029	0,0257	0.0278
0,050	0,0036	0.0321	0.0347
0,060	0.0043	0.0386	0.0417
0.070	0.0050	0,0450	0.0486
0.080	0.0057	0.0514	0.0556
0.090	0.0064	0.0578	0.0625
0.100	0.0071	0,0643	0.0694
0.200	0.0142	0.1285	0.1389
0.300	0.0214	0.1928	0.2083
0.400	0.0266	0.2570	0.2778
0.500	0.0357	0.3213	0.3472
0.600	0.0428	0.3856	0.4167
0.700	0.0500	0.4499	0.4861
0.800	0.0571	0.5142	0.5556
0.900	0.0643	0.5784	0.6250
1	0.0714	0.6427	0.6944
2	0.1428	1.2854	1.3889

Suite de la Table N° 5.

MARQUES.	VALEUR CORRESPONDANT EN		
	Stères.	Solives usu.	Solives anc.
3	0.2142	1.9281	2.0833
4	0.2856	2.5708	2.7778
5	0.3571	3.2135	3.4722
6	0,4285	3.8562	4.1667
7	0.4999	4.4989	4.8611
8	0.5713	5.1416	5.5556
9	0,6427	5.7843	6,2600
10	0.7141	6,4270	6.9444
20	1.4282	12.8540	13.8889
30	2.1423	19.2810	20.8333
40	2.8564	25.7079	27.7778
50	3.5708	32.1349	34.7222
60	4.2847	38.5619	41.6667
70	4.9988	44.9899	48.6111
80	5.7129	51.4159	55.5556
90	6.4270	57.8429	62.6000
100	7.1411	64.2699	69.4444
200	14.2822	128.5397	138,8889
300	21.4233	192.8096	208.3333
400	28.5644	257.0794	277.7778
500	35.7055	321.3493	347.2222
600	42.8467	385.6191	416,6667
700	49.9877	449.5597	486.1111
800	57.1288	514.1588	555,5556
900	64.2698	578.4287	426.0000
1000	71.4109	642.6985	694.4444

Table N° 6,

Pour comparer les prix de la solive usuelle, de la solive ancienne et de la marque, à raison de celuidu stère.

PRIX DU STÈRE.		PRIX CORRESPONDANT DE LA					
		Solive usu.		Solive anc.		Marque.	
francs.	cent.	francs.	cent.	francs.	cent.	francs.	cent.
»	1	»	00,11	»	00,11	»	00,07
»	2	»	00,22	»	00,22	»	00,14
»	3	»	00,33	»	00,33	»	00,21
»	4	»	00,44	»	00,41	»	00,29
»	5	»	00,56	»	00,51	»	00,36
»	6	»	00,67	»	00,62	»	00,43
»	7	»	00,78	»	00,72	»	00,50
»	8	»	00,89	»	00,82	»	00,57
»	9	»	01,00	»	00,93	»	00,64
»	10	»	01,11	»	01,03	»	00,71
»	11	»	01,22	»	01,13	»	00,79
»	12	»	01,33	»	01,23	»	00,86
»	13	»	01,44	»	01,34	»	00,93
»	14	»	01,56	»	01,44	»	01,00
»	15	»	01,67	»	01,54	»	01,07
»	16	»	01,78	»	01,65	»	01,14
»	17	»	01,89	»	01,75	»	01,21
»	18	»	02,00	»	01,85	»	01,29
»	19	»	02,11	»	01,95	»	01,36
»	20	»	02,22	»	02,06	»	01,43
»	25	»	02,78	»	02,57	»	01,79
»	30	»	03,33	»	03,08	»	02,14
»	35	»	03.89	»	03,60	»	02,50
»	40	»	04,41	»	04,10	»	02,86
»	45	»	05,00	»	04,63	»	03,21
»	50	»	05,56	»	05,14	»	03,57
»	55	»	06,11	»	05,66	»	03,93
»	60	»	06,67	»	06,17	»	04,28
»	65	»	07,22	»	06,68	»	04,64

Suite de la Table N° 6.

PRIX DU STÈRE.		PRIX CORRESPONDANT DE LA					
		Solive usu.		Solive anc.		Marque.	
francs.	cent.	francs.	cent.	francs.	cent.	francs.	cent.
»	70	»	07,78	»	07,20	»	05,00
»	75	»	08,33	»	07,71	»	05,36
»	80	»	08,89	»	08,23	»	05,71
»	85	»	09.44	»	08,74	»	06,07
»	90	»	10,00	»	09,25	»	06,43
»	95	»	10,55	»	09,77	»	06,78
1	»	»	11,11	»	10,28	»	07,14
2	»	»	22,22	»	20,57	»	14,28
3	»	»	33,33	»	30,85	»	21,42
4	»	»	44,41	»	41,13	»	28,56
5	»	»	55,56	»	51,42	»	35,71
6	»	»	66,67	»	61,70	»	42,85
7	»	»	77,78	»	71,98	»	49,99
8	»	»	88,89	»	82,26	»	57,13
9	»	1	00,00	»	92,55	»	64,27
10	»	1	11,11	1	02,83	»	71,41
11	»	1	22,22	1	13,12	»	78,65
12	»	1	33,33	1	23,40	»	85,69
13	»	1	44,44	1	33,68	»	92,93
14	»	1	55,56	1	43,96	»	99,98
15	»	1	66,67	1	54,25	1	07,12
20	»	2	22,22	2	05,66	1	42,82
25	»	2	77,78	2	57,08	1	78,53
30	»	3	33,33	3	08,49	2	14,23
40	»	4	44,44	4	11,33	2	85,64
50	»	5	55,56	5	14,16	3	57,05
60	»	6	66,67	6	16,99	4	28,47
70	»	7	77,78	7	19,82	4	99,88
80	»	8	88,89	8	22,65	5	71,29
90	»	10	00,00	9	25,49	6	42,70
100	»	11	11,11	10	28,32	7	14,11
200	»	22	22,22	20	56,64	14	28,22

Table N° 7,

Pour comparer les prix du stère, de la solive ancienne et de la marque, à raison de celui de la solive usuelle.

PRIX de la SOLIVE USU.		PRIX CORRESPONDANT					
		du Stère.		de la Sol. anc.		de la Marque.	
francs.	cent.	francs.	cent.	francs.	cent.	francs.	cent.
»	1	»	00,09	»	00,93	»	00,64
»	2	»	00,18	»	01,85	»	01,29
»	3	»	00,27	»	02,78	»	01,93
»	4	»	00,36	»	03,70	»	02,57
»	5	»	00,45	»	04,63	»	03,21
»	6	»	00,54	»	05,55	»	03,86
»	7	»	00,63	»	06,48	»	04,50
»	8	»	00,72	»	07,40	»	05,14
»	9	»	00,81	»	08,33	»	05,70
»	10	»	00,90	»	09,25	»	06,43
»	11	»	00,99	»	10,18	»	07,07
»	12	»	01,08	»	11,11	»	07,71
»	13	»	01,17	»	12,03	»	08,36
»	14	»	01,26	»	12,96	»	09,00
»	15	»	01,35	»	13,88	»	09,64
»	16	»	01,44	»	14,81	»	10,29
»	17	»	01,53	»	15,73	»	10,93
»	18	»	01,62	»	16,66	»	11,57
»	19	»	01,71	»	17,58	»	12,21
»	20	»	01,80	»	18,51	»	12,85
»	25	»	02,25	»	23,14	»	16,07
»	30	»	02,70	»	27,76	»	19,28
»	35	»	03,15	»	32,39	»	22,49
»	40	»	03,60	»	37,02	»	25,71
»	45	»	04,05	»	41,65	»	28,92
»	50	»	04,50	»	46,27	»	32,13
»	55	»	04,95	»	50,90	»	35,35
»	60	»	05,40	»	55,53	»	38,56
»	65	»	05,85	»	60,16	»	41,78

Suite de la Table N° 7.

PRIX de la SOLIVE USU.		PRIX CORRESPONDANT du Stère.		de la Sol. anc.		de la Marque.	
francs.	cent.	francs.	cent.	francs.	cent.	francs.	cent.
»	70	»	06,30	»	64,78	»	44,99
»	75	»	06,75	»	69,41	»	48,20
»	80	»	07,20	»	74,04	»	51,42
»	85	»	07,65	»	78,67	»	54,63
»	90	»	08,10	»	83,29	»	57,84
»	95	»	08,55	»	87,92	»	61,06
1	»	»	09,00	»	92,55	»	64,27
2	»	»	18	1	85,10	1	28,54
3	»	»	27	2	77,65	1	92,81
4	»	»	36	3	70,19	1	57,08
5	»	»	45	4	62,74	3	21,35
6	»	»	54	5	55,29	3	85,62
7	»	»	63	6	47,84	4	49,89
8	»	»	72	7	40,39	5	14,16
9	»	»	81	8	32,94	5	78,43
10	»	»	90	9	25,49	6	42,70
11	»	»	99	10	18,03	7	06,97
12	»	1	08	11	10,58	7	71,24
13	»	1	17	12	03,13	8	35,51
14	»	1	26	12	95,69	8	99,78
15	»	1	35	13	88,24	9	64,05
20	»	1	80	18	50,97	12	85,40
25	»	2	25	23	13,72	16	67,47
30	»	2	70	27	76,47	19	28,10
40	»	3	60	37	01,94	25	70,79
50	»	4	50	46	27,43	32	13,49
60	»	5	40	55	52,94	38	56,19
70	»	6	30	64	78,42	44	98,89
80	»	7	20	74	03,91	51	41,59
90	»	8	10	83	29,39	57	84,29
100	»	9	00	92	54,86	64	26,99

Table N° 8,

Pour comparer les prix de la solive usuelle, de la marque et du stère, à raison de celui de la solive ancienne.

PRIX de la SOLIVE ANC.		PRIX CORRESPONDANT					
		du Stère.		de la Sol. usu.		de la Marque.	
francs.	cent.	francs.	cent.	francs.	cent.	francs.	cent.
»	1	»	09,72	»	01,08	»	00,69
»	2	»	19,45	»	02,16	»	01,39
»	3	»	29,17	»	03,24	»	02,08
»	4	»	38,90	»	04,32	»	02,78
»	5	»	48,62	»	05,40	»	03,47
»	6	»	58,35	»	06,48	»	04,17
»	7	»	68,07	»	07,56	»	04,86
»	8	»	77,80	»	08,64	»	05,56
»	9	»	87,52	»	09,72	»	06,26
»	10	»	97,25	»	10,81	»	06,94
»	11	1	06,07	»	11,89	»	07,64
»	12	1	16,70	»	12,97	»	08,33
»	13	1	26,12	»	14,05	»	09,03
»	14	1	36,14	»	15,13	»	09,72
»	15	1	45,87	»	16,21	»	10,48
»	16	1	55,59	»	17,29	»	11,11
»	17	1	65,32	»	18,37	»	11,81
»	18	1	75,04	»	19,45	»	12,50
»	19	1	84,77	»	20,53	»	13,19
»	20	1	94,49	»	21,61	»	13,89
»	25	2	43,12	»	27,01	»	17,36
»	30	2	91,74	»	32,42	»	20,83
»	35	3	40,36	»	37,82	»	24,31
»	40	3	88,89	»	43,22	»	27,78
»	45	4	37,61	»	48,62	»	31,25
»	50	4	86,23	»	54,03	»	34,72
»	55	5	34,85	»	59,43	»	38,19
»	60	5	83,38	»	64,83	»	41,67
»	65	6	32,10	»	70,23	»	45.13

Suite de la Table N° 8.

PRIX de la SOLIVE ANC.		PRIX CORRESPONDANT du Stère.		de la Sol. usu.		de la Marque.	
francs.	cent.	francs.	cent.	francs.	cent.	francs.	cent.
»	70	6	80,72	»	75,64	»	48,61
»	75	7	29,35	»	81,04	»	52,08
»	80	7	77,97	»	86,44	»	55,56
»	85	8	26,59	»	91,84	»	59,02
»	90	8	75,22	»	97,25	»	62,50
»	95	9	23,84	1	02,65	»	65,97
1	»	9	72,46	1	08,05	»	69,44
2	»	19	44,92	2	16,10	1	38,89
3	»	29	17,39	3	24,15	2	08,33
4	»	38	89,85	4	32,21	2	77,78
5	»	48	62,32	5	40,26	3	47,22
6	»	58	34,78	6	48,31	4	16,67
7	»	68	07,24	7	56,36	4	86,11
8	»	77	79,70	8	64,41	5	55,56
9	»	87	52,17	9	72,46	6	25.00
10	»	97	24,63	10	80,51	6	94,44
11	»	106	97,09	11	88,56	7	63,89
12	»	116	69,55	12	96,61	8	33,33
13	»	126	52,01	14	04,67	9	02,77
14	»	136	14,47	15	11,72	9	72,22
15	»	145	86,93	16	20,77	10	41,67
20	»	194	49,26	21	60,03	13	88,89
25	»	243	11,55	27	01,28	17	36,11
30	»	291	73,89	32	41,54	20	83,33
40	»	388	98,52	43	22,05	27	77,78
50	»	486	23,16	54	02,57	34	72,22
60	»	583	47,79	64	83,08	41	66,67
70	»	680	72,42	75	63,59	48	61,11
80	»	777	97,05	86	44,11	55	55.56
90	»	875	21,68	97	24,62	62	50,00
100	»	972	46,31	108	05,13	69	44,44

Table N° 9,

Pour comparer les prix du stère, de la solive usuelle et de la solive ancienne, à raison de celui de la marque.

PRIX de LA MARQUE.		PRIX CORRESPONDANT du Stère.		de la Sol. usu.		de la Sol. anc.	
francs.	cent.	francs.	cent.	francs.	cent.	francs.	cent.
»	1	»	14,00	»	01,56	»	01,44
»	2	»	28,01	»	03,11	»	02,88
»	3	»	42,01	»	04,67	»	04,32
»	4	»	56.01	»	06,22	»	05,76
»	5	»	70,02	»	07,78	»	07,20
»	6	»	84.02	»	09,34	»	08,64
»	7	»	98,02	»	10,89	»	10,08
»	8	1	12,03	»	12,46	»	11,52
»	9	1	26,03	»	14,01	»	12,96
»	10	1	40,03	»	15,56	»	14,40
»	11	1	54,81	»	17,12	»	15,84
»	12	1	68,04	»	18,67	»	17,28
»	13	1	82,04	»	20,23	»	18,72
»	14	1	96,05	»	21,78	»	20,16
»	15	2	10,05	»	23,34	»	21,60
»	16	2	24,06	»	24,90	»	23,04
»	17	2	38,06	»	26,45	»	24,48
»	18	2	52,06	»	28,01	»	25,92
»	19	2	66,07	»	29,56	»	27,36
»	20	2	80,07	»	31,12	»	28,80
»	25	3	50,09	»	38,90	»	36.00
»	30	4	20,10	»	46,68	»	43,20
»	35	4	90,12	»	54,46	»	50,40
»	40	5	60,14	»	62,24	»	57,60
»	45	6	30,16	»	70,02	»	64,80
»	50	7	00,17	»	77,80	»	72,00
»	55	7	70,19	»	85,58	»	79,20
»	60	8	40,21	»	93,36	»	86,40
»	65	9	12,22	1	01,14	»	93,60

Suite de la Table N° 9.

PRIX de LA MARQUE.		PRIX CORRESPONDANT du Stère.		de la Sol. usu.		de la Sol. anc.	
francs.	cent.	francs.	cent.	francs.	cent.	francs.	cent.
»	70	9	80,24	1	08.92	1	00,80
»	75	10	50.26	1	16,70	1	08,00
»	80	11	20,28	1	24,48	1	15,20
»	85	11	90,29	1	32,25	1	22,40
»	90	12	60,31	1	40,03	1	29,60
»	95	13	30,33	1	47,81	1	36,80
1	»	14	00,35	1	55,56	1	44
2	»	28	00,69	3	11,12	2	88
3	»	42	01,04	4	66,68	4	32
4	»	56	01,38	6	22,38	5	76
5	»	70	01,73	7	77,97	7	20
6	»	84	02,08	9	33,56	8	64
7	»	98	02,42	10	89,16	10	08
8	»	112	02,77	12	44,65	11	52
9	»	126	03,11	14	01,35	12	96
10	»	140	03,46	15	55,94	14	40
11	»	154	03,81	17	11,53	15	84
12	»	168	04,15	18	67,13	17	28
13	»	182	04,50	20	22,72	18	72
14	»	196	04,84	21	78,31	20	16
15	»	210	05,19	23	33,91	21	60
20	»	280	06,92	31	11,88	28	80
25	»	350	08,65	38	89,85	36	00
30	»	420	10,38	46	67,82	43	20
40	»	560	13,84	62	23,75	57	60
50	»	700	17,30	77	79,70	72	00
60	»	840	20,76	93	35,64	86	40
70	»	980	24,22	108	91,53	100	80
80	»	1120	27,68	124	47,51	115	20
90	»	1260	31,14	140	03,45	129	60
100	»	1400	34,60	155	59,39	144	00

Table N° 10,

Pour comparer le produit d'un arbre en grume réduit au 5ᵉ déduit de la circonférence, correspondant avec les résultats de ce même arbre réduit au 6ᵉ, au 7ᵉ et sans déduction.

SOLIVES réduites au CINQUIÈME.	PRODUIT EN SOLIVES RÉDUITES AU		
	SIXIÈME.	SEPTIÈME.	SANS DÉDUCT.
0.001	0.0011	0.0011	0.0016
0.002	0.0022	0.0023	0.0031
0.003	0.0033	0.0034	0.0047
0.004	0.0043	0.0046	0.0063
0.005	0.0054	0.0057	0.0078
0.006	0.0065	0.0069	0.0094
0.007	0.0076	0.0080	0.0109
0.008	0.0087	0.0092	0.0125
0.009	0.0098	0.0103	0.0141
0.010	0.0109	0.0115	0.0156
0.020	0.0217	0.0230	0.0313
0.030	0.0326	0.0344	0.0469
0.040	0.0434	0.0459	0.0625
0.050	0.0543	0.0574	0.0781
0.060	0.0651	0.0689	0.0938
0.070	0.0760	0.0804	0.1094
0.080	0.0868	0.0918	0.1250
0.090	0.0977	0.1033	0.1406
0.100	0.1085	0.1148	0.1563
0.200	0.2017	0.2296	0.3125
0.300	0.3255	0.3444	0.4688
0.400	0.4340	0.4592	0.6250
0.500	0.5425	0.5740	0.7813
0.600	0.6510	0.6889	0.9375
0.700	0.7595	0.8036	1.0938
0.800	0.8680	0.9184	1.2500
0.900	0.9765	1.0332	1.4063
1	1.0850	1.1480	1.5625
2	2.1701	2.2950	3.1250

Suite de la Table N° 10.

SOLIVES réduites au CINQUIÈME.	PRODUIT EN SOLIVES RÉDUITES AU		
	SIXIÈME.	SEPTIÈME.	SANS DÉDUCT.
3	3.2551	3.4439	4,6875
4	4.3402	4.5918	6.2500
5	5.4252	5.7398	7.8125
6	6.5103	6.8878	9.3750
7	7.5953	8.0352	10,9375
8	8.6804	9,1837	12.5000
9	9.7654	10.3316	14,0625
10	10,8504	11.4796	15.6250
20	21.7009	22.9592	31.2500
30	32.5513	34,1878	46,8750
40	43.4118	45.9184	62.5000
50	54.2522	57.3980	78.1250
60	65.1026	68.8775	93.7500
70	75.9531	80.3571	109.3750
80	86,8035	91,8367	125.0000
90	97.6539	103.3163	140.6250
100	108.5044	114.7959	156.2500
200	217.0088	229,5918	312.5000
300	325.5131	344.3877	468.7500
400	434.0175	459.1837	625.0000
500	542.5219	573.9796	781.2500
600	651.0263	688.7755	937.5000
700	759.5307	803.5714	1093.7500
800	868.0350	918.3673	1250.0000
900	976.5394	1033.1633	1406.2500
1000	1085.0438	1147.9592	1562.5000
2000	2170.0876	2295.9184	3125.0000
3000	3255.1314	3443 8775	4687.5000
4000	4340.1752	4591.8367	6250.0000
5000	5425.2190	5739.7959	7812,5000

Table N° 11,

Pour comparer le produit d'un arbre en grume réduit au 6e déduit de la circonférence, correspondant avec les résultats de ce même arbre réduit au 5e, au 7e et sans déduction.

SOLIVES réduites au SIXIÈME.	PRODUIT EN SOLIVES RÉDUITES AU		
	CINQUIÈME.	SEPTIÈME.	SANS DÉDUCT.
0.001	0.0009	0.0011	0.0014
0.002	0.0018	0.0021	0,0029
0.003	0.0028	0.0032	0.0043
0.004	0.0037	0.0042	0.0058
0.005	0.0046	0.0053	0.0072
0.006	0.0055	0.0063	0,0086
0.007	0.0064	0.0074	0.0101
0.008	0.0074	0.0085	0,0115
0.009	0.0083	0.0095	0.0130
0.010	0.0092	0.0106	0,0144
0.020	0.0184	0.0212	0.0288
0.030	0.0276	0.0317	0.0432
0.040	0.0369	0.0423	0.0576
0.050	0.0461	0.0529	0.0720
0,060	0.0553	0.0635	0.0864
0.070	0.0645	0,0741	0.1008
0.080	0.0737	0.0846	0.1152
0.090	0.0829	0.0952	0.1296
0.100	0.0922	0.1058	0.1440
0.200	0.1843	0.2116	0.2880
0.300	0.2765	0.3174	0.4320
0.400	0.3686	0.4232	0.5760
0.500	0.4608	0.5290	0.7200
0.600	0.5530	0.6348	0.8640
0.700	0.6451	0.7406	1.0080
0.800	0.7373	0.8464	1.1502
0.900	0.8294	0.9522	1.2960
1	0.9216	1.0580	1.4400
2	1.8432	2.1159	2.8800

Suite de la Table N° 11.

SOLIVES réduites au SIXIÈME.	PRODUIT EN SOLIVES RÉDUITES AU		
	CINQUIÈME.	SEPTIÈME.	SANS DÉDUCT.
3	2.7648	3.1739	4.3200
4	3.6864	4.3218	5.7600
5	4.6080	5.2898	7.2000
6	5.5296	6.3478	8.6400
7	6.4512	7.4057	10.0800
8	7.3728	8.4637	11.5200
9	8.2944	9.5216	12.9600
10	9.2160	10.5796	14.4000
20	18.4320	21.1592	28.8000
30	27.6480	31.7388	43.2000
40	36.8640	42.3184	57.6000
50	46.0800	52.8980	72.0000
60	55.2960	63.4776	86.4000
70	64.5120	74.0571	100.8000
80	73.7280	84.6367	115.2000
90	82.9440	95.2163	129.6000
100	92.1600	105.7959	144.0000
200	184.3100	211.5918	288.0000
300	276.4800	317.3878	432.0000
400	368.6400	423.1837	576.0000
500	460.8000	528.9796	720.0000
600	552.9600	634.7755	864.0000
700	645.1200	740.5714	1008.0000
800	737.2800	846.3673	1152.0000
900	829.4400	945.1633	1296.0000
1000	921.6000	1057.9592	1440.0000
2000	1843.2000	2215.9184	2880.0000
3000	2774.8000	3173 8775	4320.0000
4000	3686.4000	4231.8367	5760.0000
5000	4608.0000	5289.7959	8640.0000

Table N° 12,

Pour comparer le produit d'un arbre en grume réduit au 7e déduit de la circonférence, correspondant avec les produits de ce même arbre réduit au 5e, au 6e et sans déduction.

SOLIVES réduites au SEPTIÈME.	PRODUIT EN SOLIVES RÉDUITES AU		
	CINQUIÈME.	SIXIÈME.	SANS DÉDUCT.
0.001	0.0009	0.0009	0.0013
0.002	0.0017	0.0019	0.0027
0.003	0.0026	0.0028	0.0041
0.004	0.0035	0.0038	0.0054
0.005	0.0044	0.0047	0.0068
0.006	0.0052	0.0057	0.0082
0.007	0.0061	0.0066	0.0095
0.008	0,0069	0.0076	0.0109
0.009	0.0078	0.0085	0.0123
0.010	0.0087	0.0095	0.0136
0.020	0.0174	0.0189	0.0272
0.030	0.0261	0.0284	0.0408
0.040	0.0348	0.0378	0.0544
0.050	0.0436	0,0472	0.0681
0.060	0.0523	0.0567	0.0817
0.070	0.0610	0.0662	0.0953
0.080	0.0697	0.0756	0.1089
0.090	0.0784	0.0851	0.1225
0.100	0.0871	0.0945	0.1361
0.200	0.1742	0.1890	0.2722
0.300	0.2613	0.2836	0.4083
0.400	0.3484	0.3781	0.5444
0.500	0.4356	0.4726	0.6806
0.600	0.5227	0.5671	0.8167
0.700	0.6098	0.6617	0.9528
0.800	0.6969	0.7561	1.0889
0.900	0.7840	0.8507	1.2250
1	0.8711	0.9452	1.3611
2	1.7422	1.8904	2.7222

Suite de la Table N° 12.

SOLIVES réduites au SEPTIÈME.	PRODUIT EN SOLIVES RÉDUITES AU		
	CINQUIÈME.	SIXIÈME.	SANS DÉDUCT.
3	2.6133	2.8356	4.0833
4	3.4844	3.7809	5.4444
5	4.3556	4.7261	6.8056
6	5.2267	5.6713	8.1667
7	6.0978	6.6165	9.5278
8	6.6989	7.5617	10.8889
9	7.8400	8.5069	12.2500
10	8.7111	9.4522	13.6111
20	17.4222	18.9043	27.2222
30	26.1333	28.3565	40.8333
40	34.8444	37.8089	54.4444
50	43.5556	47.2608	68.5556
60	52.2667	56.7130	81.6667
70	60.9778	66.1651	95.2778
80	69.9889	75.6173	108.8889
90	78.4000	85.0694	122.5000
100	87.1111	94.5216	136.1111
200	174.2222	189.0432	272.2222
300	261.2222	283.5648	408.3333
400	348.4444	378.0864	544.4444
500	435.5556	472.6080	680.5556
600	522.6667	567.1296	816.6667
700	609.7778	661.6502	952.7778
800	696.8889	756.1728	1088.8889
900	784.0000	850.6944	1225.0000
1000	871.1111	945.2160	1361.1111
2000	1742.2222	1890.4321	2722.2222
3000	2613.3333	2835.6481	4083.3333
4000	3484.4444	3780.8642	5444.4444
5000	3355.5556	4727.0802	6805.5556

Table N° 13.

Pour comparer le produit d'un arbre en grume réduit au rond ou sans déduction de la circonférence, correspondant avec les résultats de ce même arbre réduit au 5ᵉ, au 6ᵉ et au 7ᵉ.

SOLIVES réduites AU ROND.	PRODUIT EN SOLIVES RÉDUITES AU		
	CINQUIÈME.	SIXIÈME.	SEPTIÈME.
0.001	0.0006	0.0007	0.0007
0.002	0.0013	0.0014	0.0015
0.003	0.0019	0.0021	0.0022
0.004	0.0026	0.0028	0.0029
0.005	0.0032	0.0035	0.0037
0.006	0.0038	0.0042	0.0044
0.007	0.0045	0.0049	0.0051
0.008	0.0051	0.0056	0.0059
0.009	0.0058	0.0063	0.0066
0.010	0.0064	0.0069	0.0073
0.020	0.0128	0.0139	0.0147
0.030	0.0192	0.0208	0.0220
0.040	0.0256	0.0278	0.0294
0.050	0.0320	0.0347	0.0367
0.060	0.0384	0.0417	0.0441
0.070	0.0448	0.0486	0.0514
0.080	0.0512	0.0556	0.0588
0.090	0.0576	0.0625	0.0661
0.100	0.0640	0.0694	0.0735
0.200	0.1280	0.1389	0.1469
0.300	0.1920	0.2083	0.2204
0.400	0.2560	0.2778	0.2939
0.500	0.3200	0.3472	0.3673
0.600	0.3840	0.4167	0.4408
0.700	0.4480	0.4861	0.5143
0.800	0.5120	0.5556	0.5878
0.900	0.5760	0.6250	0.6612
1	0.6400	0.6944	0.7345
2	1.2800	1.3889	1.4694

Suite de la Table N° 13.

SOLIVES réduites AU ROND.	PRODUIT EN SOLIVES RÉDUITES AU		
	CINQUIÈME.	SIXIÈME.	SEPTIÈME.
3	1.9200	2.0833	2.2041
4	2.5600	2.7778	2.9388
5	3.2000	3.4722	3.6735
6	3.8400	4.1667	4.4082
7	4.4800	4.8611	5.1329
8	5.1200	5.5556	5.8736
9	5.7600	6.2500	6.6122
10	6.4000	6.9444	7.3469
20	12.8000	13.8889	14.6939
30	19.2000	20.8333	22.0408
40	25.6000	27.7778	29.3878
50	32.0000	34.7222	36.7347
60	38.4000	41.6667	44.0816
70	44.8000	48.6111	51.4283
80	51.2000	55.5556	58.7755
90	56.7000	62.5000	66.1224
100	64.0000	69.4444	73.4694
200	128.0000	138.8889	146.9388
300	192.0000	208.3333	220.4082
400	256.0000	277.7778	293.8776
500	320.0000	347.2222	367.3469
600	384.0000	416.6667	440.8163
700	448.0000	486.1111	514.2857
800	512.0000	555.5555	587.7551
900	576.0000	426.0000	661.2245
1000	640.0000	694.4444	734.6939
2000	1280.0000	1388.8889	1469.3878
3000	1920.0000	2083.3333	2204.0817
4000	2560.0000	3472.2222	2938.7756
5000	3200.0000	4166.6667	3673.4694

Table N° 14,

Pour comparer les prix des solives réduites au 6ᵉ, au 7ᵉ et au rond, à raison de celui de la solive réduite au 5ᵉ déduit de la circonférence.

PRIX DE LA SOLIVE réduite au CINQUIÈME.		PRIX CORRESPONDANT DE LA SOLIVE RÉDUITE AU					
		SIXIÈME.		SEPTIÈME.		ROND.	
francs.	cent.	francs.	cent.	francs.	cent.	francs.	cent.
»	1	»	00,92	»	00,87	»	00,64
»	2	»	01,84	»	01,74	»	01,28
»	3	»	02,79	»	02,61	»	01,92
»	4	»	03,69	»	03,48	»	02,56
»	5	»	04,61	»	04,36	»	03,20
»	6	»	05,53	»	05,25	»	03,84
»	7	»	06,45	»	06,10	»	04,48
»	8	»	07,37	»	06,97	»	05,12
»	9	»	08,29	»	07,94	»	05,76
»	10	»	09,22	»	08,71	»	06,40
»	11	»	10,14	»	09,58	»	07,04
»	12	»	11,06	»	10,45	»	07,68
»	13	»	11,98	»	11,32	»	08,32
»	14	»	12,90	»	12,20	»	08,96
»	15	»	13,82	»	13,07	»	09,60
»	16	»	14,75	»	13,94	»	10,24
»	17	»	15,67	»	14,81	»	10,88
»	18	»	16,59	»	15,68	»	11,52
»	19	»	17,51	»	16,55	»	12,16
»	20	»	18,43	»	17,42	»	12,80
»	25	»	23,04	»	21,78	»	16,00
»	30	»	27,65	»	26,13	»	19,20
»	35	»	32,26	»	30,49	»	22.40
»	40	»	36,86	»	34,84	»	25,60
»	45	»	41,47	»	39,30	»	28,80
»	50	»	46,08	»	43,56	»	32,00
»	55	»	50,69	»	47,91	»	35,20
»	60	»	64,61	»	52,27	»	38,40
»	65	»	69,12	1	56,62	»	41,60

Suite de la Table N° 14.

PRIX DE LA SOLIVE réduite au CINQUIÈME.		PRIX CORRESPONDANT DE LA SOLIVE RÉDUITE AU					
		SIXIÈME.		SEPTIÈME.		ROND.	
francs.	cent.	francs.	cent.	francs.	cent.	francs.	cent.
»	70	»	64,61	»	60.98	»	44,80
»	75	»	69.12	»	65,33	»	48,00
»	80	»	73,73	»	69,69	»	51,20
»	85	»	78,34	»	74,04	»	54,40
»	90	»	82,94	»	78,40	»	57,60
»	95	»	87,56	»	82,76	»	60,80
1	»	»	92,16	»	87,11	»	64
2	»	1	84,33	1	74,22	1	28
3	»	2	76,48	2	61,33	1	92
4	»	3	68,64	3	48,44	2	56
5	»	4	60,80	4	35,56	3	20
6	»	5	52,96	5	22,67	3	84
7	»	6	45,12	6	09,78	4	48
8	»	7	37,28	6	96,89	5	12
9	»	8	29,44	7	84,00	5	76
10	»	19	21,60	8	71,11	6	40
11	»	10	13,76	9	58,22	7	04
12	»	11	05,92	10	45,33	7	68
13	»	11	98,08	11	32,44	8	32
14	»	12	90,24	12	19,56	8	96
15	»	13	82,40	13	06,67	9	60
16	»	14	74,56	13	93,78	10	24
17	»	15	66,72	14	70,89	10	88
18	»	16	58,88	15	68,00	11	52
19	»	17	51,04	16	55,11	12	16
20	»	18	43,20	17	42,22	12	80

Table N° 15,

Pour comparer les prix des solives réduites au 5e, au 6e et au rond, à raison de celui de la solive réduite au 6e déduit de la circonférence.

PRIX DE LA SOLIVE réduite au SIXIÈME.		PRIX CORRESPONDANT DE LA SOLIVE RÉDUITE AU					
		CINQUIÈME.		SEPTIÈME.		ROND.	
francs.	cent.	francs.	cent.	francs.	cent.	francs.	cent.
»	1	»	01,09	»	00,95	»	00,69
»	2	»	02,17	»	01,89	»	01,39
»	3	»	03,25	»	02,84	»	02,08
»	4	»	04,34	»	03,78	»	02,78
»	5	»	05,42	»	04,73	»	03,47
»	6	»	06,51	»	05,67	»	04,17
»	7	»	07,60	»	06,62	»	04,86
»	8	»	08,68	»	07,56	»	05,56
»	9	»	09,77	»	08,51	»	06,25
»	10	»	10,85	»	09,45	»	06,94
»	11	»	11,94	»	10,40	»	07,64
»	12	»	13,02	»	11,34	»	08,33
»	13	»	14,11	»	12,29	»	09,03
»	14	»	15,19	»	13,23	»	09,72
»	15	»	16,27	»	14,18	»	10,42
»	16	»	17,36	»	15,12	»	11,11
»	17	»	18,45	»	16,07	»	11,81
»	18	»	19,53	»	17,01	»	12,50
»	19	»	20,62	»	17,95	»	13,18
»	20	»	21,70	»	18,90	»	13,89
»	25	»	27,13	»	23,63	»	17,36
»	30	»	32,55	»	28,36	»	20,83
»	35	»	37,98	»	33,08	»	24,31
»	40	»	43,40	»	37,81	»	27,78
»	45	»	48,83	»	42,53	»	31,25
»	50	»	54,25	»	47,26	»	34,72
»	55	»	59,68	»	51,99	»	38,19
»	60	»	65,10	»	56,71	»	41,67
»	65	»	70,53	»	61,44	»	45.14

Suite de la Table N° 15.

PRIX DE LA SOLIVE réduite au SIXIÈME.		PRIX CORRESPONDANT DE LA SOLIVE RÉDUITE AU					
		CINQUIÈME.		SEPTIÈME.		ROND.	
francs.	cent.	francs.	cent.	francs.	cent.	francs.	cent.
»	70	»	75,95	»	66,17	»	48,61
»	75	»	81,36	»	70,89	»	52,08
»	80	»	86,80	»	75,62	»	55,56
»	85	»	92,23	»	80,34	»	59,63
»	90	»	97,65	»	85,07	»	62,50
»	95	1	03,07	»	89,70	»	65,97
1	»	1	08,50	»	94,52	»	69,44
2	»	2	17,01	1	89,04	1	38,89
3	»	3	25,51	2	83,56	2	08,33
4	»	4	34,02	3	78,09	2	77,78
5	»	5	42,52	4	72,61	3	47,22
6	»	6	51,03	5	67,13	4	16,67
7	»	7	59,63	6	61,65	4	86,11
8	»	8	68,04	7	56,17	5	55,56
9	»	9	76,54	8	50,69	6	25.00
10	»	10	85,04	9	45,22	6	94,44
11	»	11	93,55	10	39,74	7	63,89
12	»	12	02,05	11	34,26	8	33,33
13	»	14	10,55	12	28,78	9	02,78
14	»	15	19,06	13	23,30	9	72,22
15	»	16	27,57	14	17,82	10	41,67
16	»	17	36,07	15	02,35	11	11,11
17	»	18	44,58	15	96,88	11	80,56
18	»	19	53,08	16	91,39	12	50,00
19	»	20	61,59	17	85,91	13	19,44
20	»	21	70,09	18	90,43	13	88,89

Table N° 16,

Pour comparer les prix des solives réduites au 5e, au 6e et au rond, à raison de celui de la solive réduite au 7e déduit de la circonférence.

PRIX DE LA SOLIVE réduite au SEPTIÈME.		PRIX CORRESPONDANT DE LA SOLIVE RÉDUITE AU CINQUIÈME.		SIXIÈME.		ROND.	
francs.	cent.	francs.	cent.	francs.	cent.	francs.	cent.
»	1	»	01,15	»	01,06	»	00,73
»	2	»	02,30	»	02,12	»	01,46
»	3	»	03,44	»	03,17	»	02,20
»	4	»	04,59	»	05,23	»	02,94
»	5	»	05,74	»	05,29	»	03,67
»	6	»	06,89	»	06,35	»	04,41
»	7	»	08,04	»	07,41	»	05,14
»	8	»	09,18	»	08,46	»	05,88
»	9	»	10,33	»	09,52	»	06,61
»	10	»	11,48	»	10,58	»	07,35
»	11	»	12,63	»	11,64	»	08,08
»	12	»	13,78	»	12,27	»	08,82
»	13	»	14,92	»	13,75	»	09,55
»	14	»	16,07	»	14,81	»	10,29
»	15	»	17,22	»	15,87	»	11,02
»	16	»	18,37	»	16,93	»	11,76
»	17	»	19,52	»	17,99	»	12,49
»	18	»	20,66	»	19,04	»	13,22
»	19	»	21,81	»	20,10	»	12,96
»	20	»	22,97	»	21,16	»	14,69
»	25	»	28,70	»	26,45	»	18,37
»	30	»	34,44	»	31,74	»	22,04
»	35	»	40.18	»	37,03	»	25,71
»	40	»	45,92	»	42,32	»	29,39
»	45	»	51,66	»	47,61	»	33,06
»	50	»	57,40	»	52,90	»	36,73
»	55	»	63,14	»	58,19	»	40,42
»	60	»	68,88	»	63,48	»	44,08
»	65	»	74,72	»	68,77	»	47,76

Suite de la Table N° 16.

PRIX DE LA SOLIVE réduite au SEPTIÈME.		PRIX CORRESPONDANT DE LA SOLIVE RÉDUITE AU CINQUIÈME.		SIXIÈME.		ROND.	
francs.	cent.	francs.	cent.	francs.	cent.	francs.	cent.
»	70	»	80,36	»	74,06	»	51,43
»	75	»	86,10	»	79,35	»	55,10
»	80	»	91,84	»	84,64	»	58,78
»	85	»	97,58	»	89,93	»	62,45
»	90	1	03,32	»	95,22	»	66,12
»	95	1	09,16	1	00,51	»	69,80
1	»	1	14,80	1	05,80	»	73,47
2	»	2	29,59	2	11,59	1	46,94
3	»	3	44,39	3	17,39	2	20,41
4	»	4	59,18	4	23,18	2	93,88
5	»	5	73,98	5	28,98	3	67,35
6	»	6	88,78	6	34,78	4	40,82
7	»	8	03,57	7	40,57	5	14,29
8	»	9	18,37	8	46,37	5	87,76
9	»	10	33,16	9	52,16	6	61,22
10	»	11	47,96	10	57,96	7	34,69
11	»	12	62,76	11	63,76	8	08,16
12	»	13	77,55	12	69,55	8	81,63
13	»	14	92,35	13	75,35	9	55,10
14	»	16	07,14	14	81,14	10	28,57
15	»	17	21,94	15	86,94	11	02,04
16	»	18	36,73	16	92,73	11	75,51
17	»	19	51,53	17	98,53	12	48,98
18	»	20	66,33	19	04,33	13	22,45
19	»	21	18,12	20	10,12	13	95,22
20	»	22	95,92	21	15,92	14	69,39

Table N° 17,

Pour comparer les prix des solives réduites au 5e, au 6e et au 7e, à raison de celui de la solive réduite au rond ou sans déduction de la circonférence.

PRIX DE LA SOLIVE réduite AU ROND.		PRIX CORRESPONDANT DE LA SOLIVE RÉDUITE AU					
		CINQUIÈME.		SIXIÈME.		SEPTIÈME.	
francs.	cent.	francs.	cent.	francs.	cent.	francs.	cent.
»	1	»	01,56	»	01,44	»	01,36
»	2	»	03,13	»	02,88	»	02,71
»	3	»	04,69	»	04,32	»	04,08
»	4	»	06,25	»	05,76	»	05,44
»	5	»	07,81	»	07,20	»	06,81
»	6	»	09,38	»	08,64	»	08,17
»	7	»	10,94	»	10,08	»	09,53
»	8	»	12,50	»	11,52	»	10,89
»	9	»	14,06	»	12,96	»	12,25
»	10	»	15,63	»	14,40	»	13,61
»	11	»	17,19	»	15'84	»	14,97
»	12	»	18,75	»	17,28	»	16,33
»	13	»	20,31	»	18,72	»	17,69
»	14	»	21,87	»	20,16	»	19,56
»	15	»	23,44	»	21,60	»	20,42
»	16	»	25,00	»	23,04	»	21,78
»	17	»	26,56	»	24,48	»	23,14
»	18	»	28,13	»	25,92	»	24,50
»	19	»	29,69	»	27,36	»	25,86
»	20	»	31,25	»	28,80	»	27,22
»	25	»	39,06	»	36,00	»	34,03
»	30	»	46,88	»	43,20	»	40,83
»	35	»	54,68	»	50,40	»	47,04
»	40	»	62,50	»	57,60	»	54,44
»	45	»	70,31	»	64,80	»	61,25
»	50	»	78,13	»	72,00	»	68,06
»	55	»	85,94	»	79,00	»	74,86
»	60	»	93,75	»	86,40	»	81,67
»	65	1	01,56	»	93,60	»	88,47

Suite de la Table N° 17.

PRIX DE LA SOLIVE réduite AU ROND.		PRIX CORRESPONDANT DE LA SOLIVE RÉDUITE AU					
		CINQUIÈME.		SIXIÈME.		SEPTIÈME.	
francs.	cent.	francs.	cent.	francs.	cent.	francs.	cent.
»	70	1	09,38	1	00,80	»	95,28
»	75	1	17,19	1	08,00	1	02,08
»	80	1	25,00	1	15,20	1	08,89
»	85	1	33,13	1	22,40	1	15,69
»	90	1	40,63	1	29,60	1	22,50
»	95	1	48,44	1	36,80	1	29,31
1	»	1	56,25	1	44,00	1	36,11
2	»	3	12,50	2	88	2	72,22
3	»	4	68,75	4	32	4	08,33
4	»	6	25,00	5	76	5	44,44
5	»	7	81,25	7	20	6	80,56
6	»	9	37,50	8	64	8	16,67
7	»	10	93,75	10	08	9	52,78
8	»	12	50,00	11	52	10	88,89
9	»	14	06,25	12	96	12	25,00
10	»	15	62,50	14	40	13	61,11
11	»	17	18,75	15	84	14	97,22
12	»	18	75,00	17	28	16	33,33
13	»	20	31,25	18	72	17	69,44
14	»	21	87,50	20	16	19	05,56
15	»	23	43,75	21	80	20	41,67
16	»	25	00,00	23	04	21	77,78
17	»	26	56,25	24	48	23	13,89
18	»	28	12,50	25	92	24	50'00
19	»	29	68,75	27	36	25	86,11
20	»	31	25,00	28	80	27	22,11

EXPLICATION

Des Tables numéros 18, 19 et 20.

Ces Tables sont différentes des précédentes; elles ne sont destinées que pour comparer les circonférences toujours prises en mesures linéaires, soit du système métrique, usuel et ancien. Les numéros 18 et 20 doivent être considérés comme formant chacun deux tables, puisque la première colonne de l'une comme de l'autre contiennent des pouces qui figurent tantôt pour des pouces usuels, et tantôt pour des pouces anciens, comme on le verra dans les exemples qui suivent.

La Table N° 18 est destinée à comparer le pouce soit usuel, soit ancien, en valeur correspondante du mètre.

La première colonne, à gauche, indique des pouces sans désigner s'ils sont usuels ou anciens, parce qu'ils peuvent servir au besoin pour les uns comme pour les autres.

La deuxième colonne indique la valeur des pouces usuels en valeur correspondante du mètre linéaire.

La troisième colonne indique la valeur du pouce ancien aussi en valeur correspondante du mètre linéaire jusqu'à la troisième décimale.

Exemple : Soit une circonférence de 132 pouces, voyez la Table N° 18, première colonne où il est écrit 132, prenez sur la même ligne, deuxième colonne, si ce sont des pouces usuels que vous voulez comparer, vous trouverez cette quantité égale à 3 mètres 167 millimètres.

Si les 132 pouces sont de valeur ancienne, vous trouverez, sur la même ligne, troisième colonne, qu'ils valent 3 mètres 573 millimètres.

La Table N° 19 est destinée à comparer le mètre linéaire depuis 33 centimètres, de 3 en 3 centimètres, jusqu'à 5 mètres 58 centimètres.

La première colonne indique les mètres et centimètres à comparer; la deuxième donne la valeur correspondante en pouces usuels; et la troisième donne celle des pouces anciens.

Exemple : Soit une circonférence de 3 mètres 66 centimètres, voyez dans la première colonne où cette quantité est écrite, vous trouverez, sur la même ligne, deuxième colonne, 131 pouces usuels 76 centièmes; et dans la 3e colonne, 135 pouces anciens 21 centièmes.

La Table N° 20 compare le pouce usuel et le pouce ancien réciproquement. Cette table est construite comme les précédentes.

Exemple : Pour s'en servir voyez la première ligne, 60 pouces usuels, vous trouverez, deuxième colonne, qu'ils sont égaux à 62 pouces anciens 569 millièmes, et que 60 pouces anciens égalent 58 pouces usuels 497 millièmes.

Table N° 18,

Pour comparer le pouce linéaire en mètre, d'après la valeur respective du pouce usuel et du pouce ancien, pour servir à la comparaison des circonférences.

POUCES.	VALEUR EN MÈTRES. POUR LE POUCE		POUCES.	VALEUR EN MÈTRES. POUR LE POUCE	
	USUEL.	ANCIEN.		USUEL.	ANCIEN.
	mètr millim.	mètr. millim.		mètr. millim.	mètr. millim.
12	0.333	0.325	41	1.139	1.110
13	0.361	0.352	42	1.167	1.137
14	0.389	0.379	43	1.194	1.164
15	0.417	0.406	44	1.222	1.191
16	0.444	0.433	45	1.250	1.218
17	0.472	0.460	46	1.278	1.245
18	0.500	0.487	47	1.306	1.272
19	0.528	0.514	48	1.333	1.299
20	0.556	0.541	49	1.361	1.326
21	0.583	0.568	50	1.389	1.352
22	0.611	0.596	51	1.417	1.380
23	0.639	0.623	52	1.444	1.408
24	0.667	0.650	53	1.472	1.435
25	0.694	0.677	54	1.500	1.462
26	0.722	0.703	55	1.528	1.489
27	0.750	0.731	56	1.556	1.516
28	0.778	0.758	57	1.583	1.543
29	0.806	0.785	58	1.611	1.570
30	0.833	0.812	59	1.639	1.597
31	0.861	0.839	60	1.667	1.624
32	0.889	0.866	61	1.694	1.651
33	0.917	0.893	62	1.722	1.678
34	0.944	0.920	63	1.750	1.705
35	0.972	0.947	64	1.778	1.732
36	1.000	0.975	65	1.805	1.760
37	1.028	1.015	66	1.833	1.787
38	1.056	1.029	67	1.861	1.813
39	1.083	1.056	68	1.889	1.840
40	1.111	1.083	69	1.917	1.868

Suite de la Table N° 18.

POUCES.	VALEUR EN MÈTRES. POUR LE POUCE		POUCES.	VALEUR EN MÈTRES. POUR LE POUCE	
	USUEL.	ANCIEN.		USUEL.	ANCIEN.
	mètr. millim.	mètr. millim.		mètr. millim.	mètr. millim.
70	1.944	1.895	103	2.861	2.788
71	1.972	1.922	104	2.889	2.815
72	2.000	1.949	105	2.917	2.842
73	2.028	1.976	106	2.944	2.869
74	2.056	2.003	107	2.972	2.896
75	2.083	2.030	108	3.000	2.924
76	2.111	2.057	109	3.027	2.951
77	2.139	2.084	110	3.056	2.978
78	2.167	2.111	111	3.083	3.005
79	2.194	2.139	112	3.111	3.032
80	2.222	2.166	113	3.139	3.059
81	2.250	2.193	114	3.167	3.086
82	2.278	2.222	115	3.194	3.113
83	2.306	2.247	116	3.222	3.140
84	2.333	2.274	117	3.250	3.167
85	2.361	2.301	118	3.278	3.194
86	2.389	2.328	119	3.306	3.221
87	2.417	2.355	120	3.333	3.248
88	2.444	2.382	121	3.361	3.275
89	2.472	2.409	122	3.389	3.303
90	2.500	2.436	123	3.417	3.330
91	2.528	2.463	124	3.444	3.357
92	2.556	2.590	125	3.472	3.384
93	2.583	2.518	126	3.500	3.411
94	2.611	2.545	127	3.528	3.438
95	2.639	2.572	128	3.556	3.465
96	2.667	2.599	129	3.583	3.492
97	2.694	2.626	130	3.611	3.519
98	2.722	2.653	131	3.639	3.546
99	2.750	2.680	132	3.667	3.573
100	2.778	2.707	133	3.694	3.600
101	2.806	2.734	134	3.722	3.627
102	2.833	2.761	135	3.750	3.654

Suite de la Table N° 18.

POUCES.	VALEUR EN MÈTRES. POUR LE POUCE		POUCES.	VALEUR EN MÈTRES POUR LE POUCE	
	USUEL.	ANCIEN.		USUEL.	ANCIEN.
	mètr. millim.	mètr. millim.		mètr. millim.	mètr. millim.
136	3.778	3.682	169	4.694	4.575
137	3.806	3.709	170	4.722	4.602
138	3.833	3.736	171	4.750	4.629
139	3.861	3.663	172	4.778	4.656
140	3.889	3.790	173	4.806	4.683
141	3.917	3.817	174	4.833	4.710
142	3.944	3.844	175	4.861	4.737
143	3.972	3.871	176	4.889	4.764
144	4.000	3.898	177	4.917	4.791
145	4.028	3.925	178	4.944	4.818
146	4.056	3.952	179	4.972	4.846
147	4.083	3.979	180	5.000	4.873
148	4.111	4.006	181	5.028	4.900
149	4.239	4.033	182	5.056	4.927
150	4.167	4.060	183	5.083	4.954
151	4.194	4.088	184	5.111	4.981
152	4.222	4.115	185	5.139	5.008
153	4.250	4.142	186	5.168	5.035
154	4.278	4.169	187	5.194	5.062
155	4.306	4.196	188	5.222	5.089
156	4.333	4.223	189	5.250	5.116
157	4.361	4.250	190	5.278	5.143
158	4.389	4.277	191	5.306	5.170
159	4.417	4.304	192	5.333	5.197
160	4.444	4.331	193	5.361	5.225
161	4.472	4.358	194	5.389	5.252
162	4.500	4.385	195	5.417	5.279
163	4.528	4.412	196	5.444	5.305
164	4.556	4.439	197	5.472	5.333
165	4.583	4.467	198	5.500	5.360
166	4.611	4.494	199	5.528	5.387
167	4.639	4.521	200	5.556	5.414
168	4.667	4.548	201	5.583	5.441

Table N° 19,

Pour comparer le mètre linéaire avec le pouce uauel et le pouce ancien, et servir à la comparaison des circonférences métriques.

MÈTRES et CENTIM.	VALEUR EN POUCES		MÈTRES et CENTIM.	VALEUR EN POUCES	
	USUELS.	ANCIENS.		USUELS.	ANCIENS.
0.33	11.88	12.19	1.20	43.20	44.33
0.36	12.96	13.30	1.23	44.28	45.44
0.39	14.04	14.41	1.26	45.36	46.55
0.42	15.12	15.52	1.29	46.44	47.65
0.45	16.20	16.62	1.32	47.52	48.76
0.48	17.28	17.73	1.35	48.60	49.87
0.51	18.36	18.84	1.38	49.68	50.98
0.54	19.44	19.95	1.41	50.76	52.09
0.57	20.52	21.06	1.44	51.84	53.20
0.60	21.60	22.16	1.47	52.92	54.30
0.63	22.68	23.27	1.50	54.00	55.41
0.66	23.76	24.38	1.53	55.08	56.52
0.69	24.84	25.49	1.56	56.16	57.63
0.72	25.92	26.60	1.59	57.24	58.74
0.75	27.00	27.71	1.62	58.32	59.85
0.78	28.08	28.81	1.65	59.40	60.95
0.81	29.16	29.92	1.68	60.48	62.06
0.84	30.24	32.03	1.71	61.56	63.17
0.87	31.32	32.14	1.74	62.64	64.28
0.90	32.40	33.25	1.77	63.72	65.39
0.93	33.48	34.36	1.80	64.80	66.49
0.96	34.56	35.46	1.83	65.88	67.60
0.99	35.64	36.57	1.86	66.96	68.71
1.02	36.72	37.68	1.89	68.04	69.82
1.05	37.80	38.79	1.92	69.12	70.93
1.08	38.88	39.90	1.95	70.20	72.04
1.11	39.96	41.00	1.98	71.28	73.14
1.14	41.04	42.11	2.01	72.36	74.25
1.17	42.12	43.22	2.04	73.44	75.38

Suite de la Table N° 19.

MÈTRES et CENTIM.	VALEUR EN POUCES		MÈTRES et CENTIM.	VALEUR EN POUCES	
	USUELS.	ANCIENS.		USUELS.	ANCIENS.
2.07	74.52	76.47	3.06	110.16	113.04
2.10	75.60	77.58	3.09	111.24	114.15
2.13	76.68	78.68	3.12	112.32	115.26
2.16	77.76	79.79	3.15	113.40	116.37
2.19	78.84	80.90	3.18	114.48	117.47
2.22	79.92	82.01	3.21	115.56	118.58
2.25	81.00	83.12	3.24	116.64	119.69
2.28	82.08	84.23	3.27	117.72	120.80
2.31	83.16	85.33	3.30	118.80	121.91
2.34	84.24	86.44	3.33	119.88	123.01
2.37	85.32	87.55	3.36	120.96	124.12
2.40	86.40	88.66	3.39	122.04	125.23
2.43	87.48	89.77	3.42	123.12	126.34
2.46	88.56	90.87	3.45	124.20	127.45
2.49	89.64	91.98	3.48	125.28	128.56
2.52	90.72	93.09	3.51	126.36	129.66
2.55	91.80	94.19	3.54	127.44	130.77
2.58	92.88	95.31	3.57	128.52	131.88
2.61	93.96	96.42	3.60	129.60	132.99
2.64	95.04	97.53	3.63	120.68	134.10
2.67	96.12	98.63	3.66	131.76	135.21
2.70	97.20	99.36	3.69	132.84	136.31
2.73	98.28	100.85	3.72	133.92	137.42
2.76	99.36	101.96	3.75	135.00	138.53
2.79	100.44	103.07	3.78	136.08	139.64
2.82	101.52	104.17	3.81	137.16	140.75
2.85	102.60	105.28	3.84	138.24	141.85
2.88	103.68	106.39	3.87	139.32	142.96
2.91	104.76	107.50	3.90	140.40	144.07
2.94	105.84	108.61	3.93	141.48	145.19
2.97	106.92	109.72	3.96	142.56	146.31
3.00	108.00	110.82	3.99	143.64	147.41
3.03	109.08	111.93	4.02	144.72	148.52

Suite de la Table N° 19.

MÈTRES et CENTIM.	VALEUR EN POUCES		MÈTRES et CENTIM.	VALEUR EN POUCES	
	USUELS.	ANCIENS.		USUELS.	ANCIENS.
4.05	145.80	149.63	4.83	173.88	178.43
4.08	146 88	150.74	4.86	174.96	179.53
4.11	147.96	151.85	4.89	176.04	180.64
4.14	149.04	152.95	4.92	177.12	181.75
4.17	150.12	154.05	4.95	178.20	182.86
4.20	151.20	155.16	4.98	179.28	183.97
4.23	152.28	156.27	5.01	180.36	185.08
4.26	153.36	157.38	5.04	181.44	186.18
4.29	154.44	158.49	5.07	182.52	187.29
4.32	155.52	159.60	5.10	183.60	188.40
4.35	156.60	160.70	5.13	184.68	189.51
4.38	157.68	161.81	5.16	185.76	190.62
4.41	158.76	162.92	5.19	186.84	191.73
4.44	159.84	164.03	5.22	187.92	192.83
4.47	160.92	165.14	5.25	189.00	193.94
4.50	162.00	166.25	5.28	190.08	195.05
4.53	163.08	167.35	5.31	191.16	196.16
4.56	164.16	168.46	5.34	192.24	197.27
4.59	165.24	169.56	5.37	193.32	198.37
4.62	166.32	170.67	5.40	194.40	199.48
4.65	167.40	171.77	5.43	195.48	200.59
4.68	168.48	172.89	5.46	196.56	201.70
4.71	169.56	173.98	5.49	197.64	202.81
4.74	170.64	175.10	5.52	198.72	203.92
4.77	171.72	176.21	5.55	199.88	205.03
4.80	172.80	177.32	5.58	200.88	206.14

Table N° 20,

Pour comparer le pouce usuel et le pouce ancien respectivement entre eux, et servir à la comparaison des circonférences comprises dans le Tarif.

POUCES.	VALEUR EN POUCES		POUCES.	VALEUR EN POUCES	
	ANCIENS.	USUELS.		ANCIENS.	USUELS.
1	1.026	0.975	30	30.784	29.236
2	2.052	1.949	31	31.811	30.210
3	3.078	2.924	32	32.837	31.185
4	4.105	3.898	33	33.863	32.159
5	5.131	4.873	34	34.889	36·134
6	6.157	5.847	35	35.915	34.108
7	7.183	6.822	36	36.941	35.083
8	8.209	7.796	37	37.967	36.057
9	9.275	8.771	38	38.994	37.032
10	10.261	9.745	39	39.020	38.006
11	11.288	10.720	40	41.046	38.981
12	12.314	11.694	41	42.072	39.956
13	13.340	12.669	42	43.098	40.930
14	14.366	13.642	43	44.124	41.904
15	15.392	14.618	44	45.151	42.879
16	16.418	15.572	45	46.177	43.853
17	17.445	16.567	46	47.203	44.828
18	18.471	17.541	47	48.229	45.802
19	19.497	18.516	48	49.255	46.777
20	20.523	19.490	49	50.281	47.775
21	21.549	20.465	50	51.307	48.726
22	22.575	21.439	51	52.334	49.700
23	23.601	22.414	52	53.360	50.675
24	24.628	23.388	53	54.386	51.649
25	25.654	24.363	54	55.412	52.624
26	26.680	25.337	55	56.438	53.598
27	27.706	26·312	56	57.464	54.573
28	28.732	27.287	57	58.490	55.548
29	29.758	28.161	58	59.516	56.522

Suite de la Table N° 20.

POUCES.	VALEUR EN POUCES		POUCES.	VALEUR EN POUCES	
	ANCIENS.	USUELS.		ANCIENS.	USUELS.
59	60.543	57.497	92	94.406	89.656
60	61.569	58.471	93	95.431	90.630
61	62.595	59.446	94	96.458	91.605
62	63.621	60.420	95	97.484	92.579
63	64.647	61.395	96	98.510	93.554
64	65.673	62.369	97	99.536	94.528
65	66.700	63.344	98	100.663	95.503
66	67 726	64.318	99	101.589	96.477
67	68.752	65.293	100	102.615	97.452
68	69.778	66.267	101	103.641	98.426
69	70.704	67.242	102	104.667	99.401
70	71.830	68.216	103	105.693	100.375
71	72.856	69.191	104	106.719	101.350
72	73.883	70.165	105	107.746	102.324
73	74.909	71.140	106	108.772	103.299
74	75.935	72.114	107	109.798	104.273
75	76.961	73.089	108	110.823	105.248
76	77.987	74.063	109	111.850	106.222
77	79.013	75.038	110	112.876	107.197
78	80.040	76.012	111	113.903	108.172
79	81.066	76.987	112	114.915	109.146
80	82.092	77.961	113	115.955	110.121
81	83.118	78.936	114	116.981	111.951
82	84.144	79.910	115	118.007	112.095
83	85.170	80.885	116	119.033	113.044
84	86.196	81.860	117	120.059	114.019
85	87.223	82.834	118	121.085	114.993
86	88.249	83.809	119	122.112	115.968
87	89.275	84.783	120	123.138	116.942
88	90.301	85.758	121	124.164	117.917
89	91.327	86.732	122	125.190	118.891
90	92.353	87.707	123	126.216	119.866
91	93.379	88.681	124	127.242	120.840

Suite de la Table N° 20.

POUCES.	VALEUR EN POUCES		POUCES.	VALEUR EN POUCES	
	ANCIENS.	USUELS.		ANCIENS.	USUELS.
125	128.269	121.815	159	163.158	154.948
126	129.295	122.789	160	164.184	155.923
127	130.321	123.764	161	165.210	156.897
128	131.347	124.738	162	166.263	157.872
129	132.373	125.713	163	167 262	158.847
130	133.399	126.687	164	168.288	159.823
131	134.425	127.662	165	169.314	160.795
132	135.451	128.636	166	170.341	161.770
133	136.478	129.611	167	171.366	162.745
134	137.504	130.585	168	172.393	163.719
135	138.530	131.560	169	173.419	164.694
136	139.556	132.534	170	174.445	165.668
137	140.582	133.509	171	175.471	166.643
138	141.609	134.484	172	176.497	167.617
139	142.635	135.458	173	177.524	168.592
140	143.661	136.433	174	178.550	169.566
141	144.687	137.407	175	179.576	170.541
142	145.713	138.382	176	180.602	171.515
143	146.739	139.356	177	181.628	172.490
144	147.765	140.331	178	182.654	173.464
145	148.791	141.315	179	183.681	174.439
146	149.818	142.290	180	184.707	175.413
147	150.844	143.254	181	185.733	176.388
148	151.870	144.229	182	186.758	177.362
149	152.896	145.203	183	187.785	178.337
150	153.922	146.178	184	188.811	179.311
151	154.948	147.152	185	189.837	180.286
152	155.975	148.127	186	190.864	181.260
153	157.011	149.101	187	191.890	182.235
154	158.027	150.070	188	192.916	183.209
155	159.053	151.050	189	193.942	184.184
156	160.079	152.024	190	194.968	185.158
157	161.105	152.999	191	195.994	186.133
158	162.131	153.974	192	197.020	187.107

Suite de la Table N° 20.

POUCES.	VALEUR EN POUCES		POUCES.	VALEUR EN POUCES	
	ANCIENS.	USUELS.		ANCIENS.	USUELS.
193	198.047	188.082	198	203.177	192.854
194	199.073	189.057	199	204.193	193.820
195	200.099	190.031	200	205.220	194.795
196	201.125	191.006	201	206.246	195.769
197	202.151	191.680	202	207.272	196.744

Table N° 21,

Pour comparer le prix de la solive, de ses fractions décimales jusqu'aux millièmes, et du décistère, à raison du cent de solives anciennes et usuelles réduit.

PRIX du CENT.	PRIX CORRESPONDANTS ET RESPECTIFS					
	DE LA SOLIVE.	DU			DU DÉCIST., VAL. EN	
		DIXIÈME.	CENTIÈ.	MILLIÈ.	SOL USU.	SOL. ANC.
francs.	fr. cent.	fr. centimes.	cent.	cent.	fr. centimes.	fr. centimes.
100	1 00	» 10	01,00	00,100	» 90	» 97,25
105	1 05	» 10,50	01,05	00,105	» 94,50	1 02.11
110	1 10	» 11	01,10	00,110	» 99	1 06,97
115	1 15	» 11,50	01,15	00,115	1 03,50	1 11,83
120	1 20	» 12	01,20	00,120	1 08	1 16,70
125	1 25	» 12,50	01,25	00,125	1 12,50	1 21,56
130	1 30	» 13	01,30	00,130	1 17	1 26,42
135	1 35	» 13,50	01,35	00,135	1 21,50	1 31,28
140	1 40	» 14	01,40	00,140	1 26	1 36,14
145	1 45	» 14,50	01,45	00.145	1 30,50	1 41,01
150	1 50	» 15	01,50	00,150	1 35	1 45,87
155	1 55	» 15,50	01,55	00,155	1 39,50	1 50,73
160	1 60	» 16	01,60	00,160	1 44	1 55,59
165	1 65	» 16,50	01,65	00‘165	1 48,50	1 60,46
170	1 70	» 17	01,70	00,170	1 53	1 63,32
175	1 75	» 17,50	01,75	00,175	1 57,50	1 70,18
180	1 80	» 18	01,80	00,180	1 62	1 75,04
185	1 85	» 18,50	01,85	00,185	1 66,50	1 89,91
190	1 90	» 19	01,90	00,190	1 71	1 84,77
195	1 95	» 19,50	01,95	00,195	1 75,50	1 89,63
200	2 00	» 20	02,00	00,200	1 80	1 94,49
205	2 05	» 20,50	02,05	00,205	1 84,50	1 99,36
210	2 10	» 21	02,10	00,210	1 89	2 04,22
215	2 15	» 21,50	02,15	00,215	1 93,50	2 09,08
220	2 20	» 22	02,20	00,220	1 98	2 13,94
225	2 25	» 22,50	02,25	00,225	2 02,50	2 18,80
230	2 30	» 23	02,30	00,230	2 07	2 23,67
235	2 35	» 23,50	02,35	00,235	2 11,50	2 28,53
240	2 40	» 24	02,40	00,240	2 16	2 33,39
245	2 45	» 24,50	02,45	00,245	2 20,50	2 38,50

Suite de la Table N° 21.

PRIX du CENT.	PRIX CORRESPONDANTS ET RESPECTIFS DE LA SOLIVE	DU DIXIÈME.	DU CENTIÈ.	DU MILLIÈ.	DU DÉCIST., VAL. EN SOL. USU.	DU DÉCIST., VAL. EN SOL. ANC.
francs.	fr. cent.	fr. centimes.	cent.	cent.	fr. centimes.	fr. centimes.
250	2 50	» 25	02,50	00,250	2 25	2 23,12
255	2 55	» 25,50	02,55	00,255	2 29,50	2 47,98
260	2 60	» 26	02.60	00,260	2 34	2 52,84
265	2 65	» 26,50	02,65	00,265	2 38,50	2 57,70
270	2 70	» 27	02,70	00,270	2 43	2 62,57
275	2 75	» 27,50	02,75	00,275	2 47,50	2 67,43
280	2 80	» 28	02,80	00,280	2 52	2 72,29
285	2 85	» 28,50	02,85	00,285	2 56,50	2 77,15
290	2 90	» 29	02,90	00,290	2 61	2 82,r4
295	2 95	» 29,50	02,95	00,295	2 65,50	2 86,88
300	3 00	» 30	03,00	00,300	2 70	2 91,74
305	3 05	» 30,50	03,05	00,305	2 74,50	2 96,60
310	3 10	» 31	03,10	00,310	2 79	3 01,44
315	3 15	» 31,50	03,15	00,315	2 83,50	3 06,33
320	3 20	» 32	03,20	00,320	2 88	3 11,19
325	3 25	» 32,50	03,25	00,325	2 92,50	3 16,05
330	3 30	» 33	03,30	00,330	2 97	3 20,91
335	3 35	» 33,50	03,35	00,335	3 01,50	3 25,77
340	3 40	» 34	03,40	00,440	3 06	3 30,64
345	3 45	» 34,50	03,45	00,345	3 10,50	3 35,50
350	3 50	» 35	03,50	00,350	3 15	3 40.36
355	3 55	» 35,50	03,55	00,355	3 19,50	3 45,22
360	3 60	» 36	03,60	00,360	3 24	3 50,00
365	3 65	» 36,50	03,65	00,365	3 28,50	3 54,95
370	3 70	» 37	03,70	00,370	3 33	3 59,81
375	3 75	» 37,50	03,75	00,375	3 37,50	3 64,67
380	3 80	» 38	03,80	00,380	3 42	3 69,54
385	3 85	» 38,5 0	03,85	00,385	3 46,50	3 74,40
390	3 90	» 39	03,90	00,390	3 51	3 79,26
395	3 95	» 39,50	03,95	00,395	3 55,50	3 84,12
400	4 00	» 40	04,00	00,400	3 60	3 88,99
405	4 05	» 40,50	04,05	00,405	3 64,50	3 93,85
110	4 10	» 44	04,10	00,410	3 69	3 98,71

Suite de la Table N° 21.

PRIX du CENT.	PRIX CORRESPONDANTS ET RESPECTIFS					
	DE LA SOLIVE	DU			DU DÉCIST., VAL. EN	
		DIXIÈME.	CENTIÈ.	MILLIÈ.	SOL. USU.	SOL. ANC.
francs.	fr. cent.	fr. centimes.	cent.	cent.	fr. centimes.	fr. centimes.
415	4 15	» 41,50	04,15	00,415	3 73,50	4 03,57
420	4 20	» 42	04,20	00,420	3 78	4 08,43
425	4 25	» 42,50	04,25	00,425	3 82,50	4 13,30
430	4 30	» 43	04,30	00,430	3 87	4 18,16
435	4 35	» 43,50	04,35	00,435	3 91,50	4 23,02
440	4 40	» 44	04,40	00,440	3 96	4 27,88
445	4 45	» 44,50	04,45	00,445	4 00,50	4 32,75
450	4 50	» 45	04,50	00,450	4 05	4 37,61
455	4 55	» 45,50	04,55	00,455	4 09,50	4 42,47
460	4 60	» 46	04,60	00,460	4 14	4 47,33
465	4 65	» 46,50	04,65	00,465	4 18,50	4 52,20
470	4 70	» 47	04,70	00,470	4 23	4 57,06
475	4 75	» 47,50	04,75	00,475	4 27,50	4 61,92
480	4 80	» 48	04,80	00,480	4 32	4 66,78
485	4 85	» 48,50	04,85	00,485	4 36,50	4 71,64
490	4 90	» 49	04,90	00,490	4 41	4 76,06
495	4 95	» 49,50	04,95	00,495	4 45,50	4 81,37
500	5 00	» 50	05,00	00,500	4 50	4 86,23
505	5 05	» 50,50	05,05	00,505	4 54,50	4 91,09
510	5 10	» 51	05,10	00,510	4 59	4 95,96
515	5 15	» 51,50	05,15	00,515	4 63,50	5 00,82
520	5 20	» 52	05,20	00,520	4 68	5 05,68
525	5 25	» 52,50	05,25	00,525	4 72,50	5 10,54
530	5 30	» 53	05,30	00,530	4 77	5 15,41
535	5 35	» 53,50	05,35	00,535	4 81,50	5 20,27
540	5 40	» 54	05,40	00,540	4 86	5 25,13
545	5 45	» 54,50	05,45	00,545	4 90,50	5 29,99
550	5 50	» 55	05,50	00,550	4 95	5 34,85
555	5 55	» 55,50	05,55	00,555	4 99,50	5 39,72
560	5 60	» 56	05,60	00,560	5 04	5 44.58
565	5 65	» 56,50	05,65	00,565	5 08,50	5 49,44
570	5 70	» 57	05,70	00,570	5 13	5 54.30
575	5 75	» 57,50	05,75	00,575	5 17,50	5 59,19

Suite de la Table N° 21.

PRIX du CENT.	PRIX CORRESPONDANTS ET RESPECTIFS					
	DE LA SOLIVE	DU			DU DÉCIST., VAL. EN	
		DIXIÈME	CENTIÈ.	MILLIÈ.	SOL. USU.	SOL. ANC.
francs.	fr. cent.	fr. centimes.	cent.	cent.	fr. centimes.	fr. centimes.
580	5 80	» 58	05,80	00,580	5 22	5 64,05
585	5 85	» 58,50	05,85	00,585	5 26,50	5 68,89
590	5 90	» 59	05,90	00,590	5 31	5 73,75
595	5 95	» 59,50	05,95	00,595	5 35.50	5 78,62
600	6 00	» 60	06,00	00,600	5 40	5 83,48
605	6 05	» 60,50	06,05	00,605	5 44,50	5 88,34
610	6 10	» 61	06,10	00,610	5 49	5 93,20
615	6 15	» 61,50	06,15	00,615	5 53,50	5 98,06
620	6 20	» 62	06,20	00,620	5 58	6 02,93
625	6 25	» 62,50	06,25	00,625	5 62,50	6 07,79
630	6 30	» 63	06,30	00,630	5 67	6 12,65
635	6 35	» 63,50	06,35	00,635	5 71,50	6 17,51
640	6 40	» 64	06,40	00,640	5 76	6 22,38
645	6 45	» 64,50	06,45	00,645	5 80,50	6 27,24
650	6 50	» 65	06,50	00,650	5 85	6 32,10
655	6 55	» 65,50	06,55	00,655	5 89,50	6 36,96
660	6 60	» 66	06,60	00,660	5 94	6 41,23
665	6 65	» 66,50	06,65	00,665	5 98,50	6 46,69
670	6 70	» 67	06,70	00,670	6 03	6 51,55
675	6 75	» 67,50	06,75	00,675	6 07,50	6 56,41
680	6 80	» 68	06,80	00,680	6 12	6 61.27
635	6 85	» 68,50	06,85	00,685	6 16,50	6 66,14
690	6 90	» 69	06,90	00,690	6 21	6 71,00
695	6 95	» 69,50	06,95	00,695	6 25,50	6 75,86
700	7 00	» 70	07,00	00,700	6 30	6 80,72
705	7 05	» 70.50	07,05	00,705	6 35,50	6 85,59
710	7 10	» 71	07,10	00,710	6 39	6 90,45
715	7 15	» 71,50	07,15	00,715	6 43,50	6 95,31
720	7 20	» 72	07,20	00,720	6 48	7 00,17
725	7 25	» 72,50	07,25	00,725	6 52,50	7 05.03
730	7 30	» 73	07,30	00,730	6 57	7 09,90
735	7 35	» 73,50	07,35	00,735	6 61,50	7 14.76
740	7 40	» 74	07,40	00,740	6 66	7 19,62

Suite de la Table N° 21.

PRIX du CENT.	PRIX CORRESPONDANTS ET RESPECTIFS					
	DE LA SOLIVE	DU			DU DÉCIST., VAL. EN	
		DIXIÈME.	CENTIÈ.	MILLIÈ.	SOL. USU.	SOL. ANC.
francs.	fr. cent.	fr. centimes.	cent.	cent.	fr. centimes.	fr. centimes.
745	7 45	» 74,50	07,45	00,745	6 70,50	7 24,48
750	7 50	» 75	07,50	00,750	6 75	7 29,35
755	7 55	» 75,50	07,55	00,755	6 79,50	7 34,21
760	7 60	» 76	07,60	00,760	6 84	7 39,07
765	7 65	» 76,50	07,65	00,765	6 88,50	7 43,93
770	7 70	» 77	07,70	00,770	6 93	7 48,80
775	7 75	» 77,50	07,75	00,775	7 97,50	7 53,66
780	7 80	» 78	07,80	00,780	7 02	7 58,52
785	7 85	» 78,50	07,85	00,785	7 06,50	7 63,38
790	7 90	» 79	07,90	00,790	7 11	7 68,24
795	7 95	» 79,50	07.95	00,795	7 15,50	7 73,11
800	8 00	» 80	08,00	00,800	7 20	7 77,97
805	8 05	» 80,50	08,05	00,805	7 24,50	7 82,83
810	8 10	» 81	08,10	00,810	7 29	7 87,69
815	8 15	» 81,50	08,15	00,815	7 33,50	7 92.56
820	8 20	» 82	08,20	00,820	7 38	7 97,42
825	8 25	» 82,50	08,25	00,825	7 42,50	8 02,28
830	8 30	» 83	08,30	00,830	7 47	8 07,14
835	8 35	» 83,50	08,35	00,835	7 51,50	8 12,01
840	8 40	» 84	08,40	00,840	7 56	8 16,37
845	8 45	» 84,50	08,45	00,845	7 60,50	8 21,73
850	8 50	» 85	08,50	00,850	7 65	8 26,59
855	8 55	» 85,50	08,55	00,855	7 69,50	8 31,46
860	8 60	» 86	08,60	00.860	7 74	8 36,38
865	8 65	» 86,50	08,65	00,865	7 78,50	8 41,01
870	8 70	» 87	08,70	00,870	7 83	8 46,04
875	8 75	» 87,50	08,75	00,875	7 87,50	8 50,90
880	8 80	» 88	08,80	00,880	7 92	8 55,77
885	8 85	» 88,50	08,85	00,885	7 96,50	8 60,63
890	8 90	» 89	08,90	00,890	8 01	8 65,49
895	8 95	» 89,50	08,95	00,895	8 05,50	8 70,35
900	9 00	» 90	09,00	00,900	8 10	8 75,22
905	9 05	» 90,50	09,05	00,905	8 14.50	8 80,08

Suite de la Table N° 21.

PRIX du ENT.	PRIX CORRESPONDANTS ET RESPECTIFS					
	DE LA SOLIVE	DU			DU DÉCIST., VAL. EN	
		DIXIÈME.	CENTIÈ	MILLIÈ.	SOL. USU.	SOL. ANC.
francs.	fr. cent.	fr. centimes.	cent.	cent.	fr. centimes.	fr. centimes.
910	9 10	» 91	09,10	00,910	8 19	8 84,94
915	9 15	» 91,50	09,15	00,915	8 23,50	8 89,80
920	9 20	» 92	09,20	00,920	8 28	8 94,67
925	9 25	» 92,50	09,25	00,925	8 32,50	8 99,53
930	9 30	» 93	69,30	00,930	8 37	9 04,49
935	9 35	» 93,50	09,35	00,935	8 41,50	9 09,25
940	9 40	» 94	09,40	00,940	8 46	9 14,11
945	9 45	» 94,50	09,45	00,945	8 50,50	9 18,98
950	9 50	» 95	09,50	00,950	8 55	9 23,84
955	9 55	» 95,50	09,55	00,955	8 39,50	9 28,70
960	9 60	» 96	09,60	00,960	8 64	9 33,56
965	9 65	» 96,50	09,65	00,965	8 68,50	9 38,43
970	9 70	» 97	09,70	00,970	8 73	9 43,29
975	9 75	» 97,50	09,75	00,975	8 77,50	9 48,15
980	9 80	» 98	09,80	00,980	8 82	9 53,02
985	9 85	» 98,50	09,85	00,985	8 86,50	9 57,88
990	9 90	» 99	09,90	00,990	8 91	9 62,74
995	9 95	» 99,50	09,95	00,995	9 95,50	9 67,60
1000	10 00	1 00	10,00	01,000	9 00	9 72,46
1005	10 05	1 00,50	10,05	01,005	9 04,50	9 77,33
1010	10 10	1 01	10,10	01,010	9 09	9 82,19
1015	10 15	1 01,50	10,15	01,015	9 13,50	0 87,05
1020	10 20	1 02	10,20	01,020	9 18	9 91,91
1025	10 25	1 02,50	10,25	01,025	9 22,50	9 96,77
1030	10 30	1 03	10,30	01,030	9 27	10 01,64
1035	10 35	1 03,50	10,35	01,035	9 31,50	10 06,50
1040	10 40	1 04	10,40	01,040	9 36	10 11,36
1045	10 45	1 04,50	10,45	01,045	9 40,50	10 16,22
1050	10 50	1 05	10,50	01,050	9 45	10 21,09
1055	10 55	1 05,50	10,55	01,055	9 49,50	10 25,95
1060	10 60	1 06	10,60	01,060	9 54	10 30,81
1065	10 65	1 06,50	10,65	01,065	9 58,50	10 35,67
1070	10 70	1 07	10,70	01,070	9 63	10 40,54

Suite de la Table N° 21.

PRIX du CENT.	PRIX CORRESPONDANTS ET RESPECTIFS					
	DE LA SOLIVE	DU			DU DÉCIST., VAL. EN	
		DIXIÈME.	CENTIÈ.	MILLIÈ.	SOL. USU.	SOL. ANC.
francs.	fr. cent.	fr. centimes.	cent.	cent.	fr. centimes.	fr. centimes.
1075	10 75	1 07,50	10,75	01,075	9 67,50	10 45,50
1080	10 80	1 08	10,80	01,080	9 72	10 50,26
1085	10 85	1 08,50	10,85	01,085	9 76,50	11 55,12
1090	10 90	1 09	10,90	01,090	9 81	10 59,98
1095	10 95	1 09,50	10,95	01,095	9 85,50	10 64,85
1100	11 00	1 10	11,00	01,100	9 90	10 69,71
1105	11 05	1 10,50	11,05	01,105	9 94,50	10 74.57
1110	11 10	1 11	11,10	01,110	9 99	10 79,43
1115	11 15	1 11,50	11,15	01,115	10 03,50	00 84,30
1120	11 20	1 12	11,20	01,120	10 08	10 89,16
1125	11 25	1 12,50	11,25	01,125	10 12,50	10 94,02
1130	11 30	1 13	11,30	01,130	10 17	10 98,88
1135	11 35	1 13,50	11,35	01,135	10 21,50	11 03,74
1140	11 40	1 14	11,40	01,140	10 26	11 08,61
1145	11 45	1 14,50	11,45	01,145	10 30,50	11 13,47
1150	11 50	1 15	11,50	01,150	10 35	11 18,33
1155	11 55	1 15,50	11,55	01,155	10 39,50	11 23,19
1160	11 60	1 16	11,60	01,160	10 44	11 28,06
1165	11 65	1 16,50	11,65	01,165	10 48,50	11 32,92
1170	11 70	1 17	11,70	01,170	10 53	11 37,78
1175	11 75	1 17,50	11,75	01,175	10 57,50	11 42,64
1180	11 80	1 18	11,80	01,180	10 62	11 47,50
1185	11 85	1 18,50	11,85	01,185	10 66,50	11 52,37
1190	11 90	1 19	11,90	01,190	10 71	11 57,23
1195	11 95	1 19,50	11,95	01,195	10 75,50	11 62,09
1200	12 00	1 20	12,00	01,200	10 80	11 66,95
1205	12 05	1 20,50	12,05	01,205	10 84,50	11 71‘82
1210	12 10	1 21	12,10	01,210	10 89	11 76,68
1215	12 15	1 21,50	12,15	01,215	10 93,50	11 81,54
1220	12 20	1 22	12,20	01,220	10 98	11 86,40
1225	12 25	1 22,50	12,35	01,225	11 02,50	11 91,27
1230	12 30	1 23	12,30	01,230	11 07	11 96,14
1235	12 35	1 23,50	12,35	01,235	11 16,50	12 00,99

Suite de la Table N° 21.

PRIX du CENT.	PRIX CORRESPONDANTS ET RESPECTIFS					
	DE LA SOLIVE	DU			DU DÉCIST., VAL. EN	
		DIXIÈME.	CENTIÈ.	MILLIÈ.	SOL. USU.	SOL. ANC.
francs.	fr. cent.	fr. centimes.	cent.	cent.	fr. centimes.	fr. centimes.
1240	12 40	1 24	12,40	01,240	11 16	12 05,85
1245	12 45	1 24,50	12,45	01,245	11 20,50	12 10,72
1250	12 50	1 25	12,50	01,250	11 25	12 15.58
1255	12 55	1 25,50	12,55	01,255	11 29,50	12 20,44
1260	12 60	1 26	12,60	01,260	11 34	12 25,29
1265	12 65	1 26,50	12,65	01,265	11 38,50	12 30,15
1270	12 70	1 27	12,70	01,270	11 43	12 35,03
1275	12 75	1 27,50	12,75	01,275	11 47,50	12 39,89
1280	12 80	1 28	12,80	01,280	11 52	12 44,75
1285	12 85	1 28,50	12,85	01,285	11 56,50	12 49,51
1290	12 90	1 29	12,90	01,290	11 61	12 54,48
1295	12 95	1 29,50	12,95	01,295	11 65,50	12 59,34
1300	13 00	1 30	13,00	01,300	11 70	12 64,20
1305	13 05	1 30,50	13,05	01,305	11 74,50	12 69,06
1310	13 10	1 31	13,10	01,310	11 79	12 73,93
1315	13 15	1 31,50	13,15	01,315	11 83,50	12 78,79
1320	13 20	1 32	13,20	01,320	11 88	12 83,65
1325	13 25	1 32,50	13,25	01,325	11 92,50	12 88,51
1330	13 30	1 33	13,30	01,330	11 97	12 93,37
1335	13 35	1 33,50	13,35	01,335	12 01,50	12 98,24
1340	13 40	1 34	13,40	01,340	12 06	13 03,20
1345	13 45	1 34,50	13,45	01,345	12 10,50	13 07,96
1350	13 50	1 35	13,50	01,350	12 15	13 12,82
1355	13 55	1 35,50	13,55	01,355	12 19,50	13 17,69
1360	13 60	1 36	13,60	01,360	12 24	13 22.55
1365	13 65	1 36,50	13,65	01,365	12 28,50	13 27,41
1370	13 70	1 37	13,70	01,370	12 33	13 32,27
1375	13 75	1 37,50	13,75	01,375	12 37,50	13 37,14
1380	13 80	1 38	13,80	01,380	12 42	13 42,00
1385	13 85	1 38,50	13,85	01,385	12 46,50	13 44,86
1390	13 90	1 39	13,90	01,390	12 51	13 51,72
1395	13 95	1 39,50	13,95	01,395	12 55,50	13 56,58
1400	14 00	1 40	14,00	01,400	12 60	13 61,45

Suite de la Table N° 21.

PRIX du CENT.	PRIX CORRESPONDANTS ET RESPECTIFS					
	DE LA SOLIVE.	DU			DU DÉCIST., VAL. EN	
		DIXIÈME.	CENTIÈ.	MILLIÈ.	SOL. USU.	SOL. ANC.
francs.	fr. cent.	fr. centimes.	cent.	cent.	fr. centimes.	fr. centimes
1405	14 05	1 40,50	14,05	01,405	12 64,50	13 66,31
1410	14 10	1 41	14,10	01,410	12 69	13 71.17
1415	14 15	1 41,50	14,15	01,415	12 73,50	13 76,03
1420	14 20	1 42	14,20	01,420	12 78	13 80,90
1425	14 25	1 42,50	14,25	01,425	12 82,50	13 85,73
1430	14 30	1 43	14,30	01,430	12 87	13 90,92
1435	14 35	1 43,50	14,35	01,435	12 91,50	13 95,48
1440	14 40	1 44	14,40	01,440	12 96	14 00,35
1445	14 45	1 44,50	14,45	01,445	13 90.50	14 05.20
1450	14 50	1 45	14,50	01,450	13 05	14 10,07
1455	14 55	1 45,50	14,55	01,455	13 09,50	14 14,93
1460	14 60	1 46	14,60	01,460	13 13	14 19,79
1465	14 65	1 46,50	14,65	01,465	13 17.50	14 24.66
1470	14 70	1 47	14,70	01,470	13 21	14 29,52
1475	14 75	1 47,50	14,75	01,475	13 25,50	14 34,38
1480	14 80	1 48	14,80	01,480	13 30	14 39,24
1485	14 85	1 48,50	14,85	01,485	13 34.50	14 44,10
1490	14 90	1 49	14,90	01,490	13 39	14 48,96
1495	14 95	1 49,50	14,95	01,495	13 43,50	14 53,83
1500	15 00	1 50	15,00	01,500	13 48	14 58,69

ERRATA.

En vérifiant nos Tables de comparaison, nous avons trouvé quelques erreurs dans les produits de celles de réduction, ce qui nous a déterminé à les vérifier toutes, et à corriger celles qui se trouvaient inexactes. L'impression de l'ouvrage étant alors terminée, nous avons été obligés d'y remédier par un errata, en réimprimant à la fin de l'ouvrage les petits tableaux où il existait des erreurs.

Les tableaux corrigés ont la même configuration que ceux qu'ils remplacent, et sont disposés d'une manière à pouvoir reconnaître les pages, les circonférences et les modes auxquels ils appartiennent *(Voir les pages suivantes)*.

Sur quelques exemplaires, page 104, ligne 33, 1er exemple, colonne des solives anciennes, au lieu de 0 sol, 0009, *lisez* 0 solives 0042.

CIRCONFÉRENCE DE

42 p. *page* 16, SIXIÈME, *Lisez :*		66 p. *page* 18, SIXIÈME, *Lisez :*		56 p. *page* 23, CINQUIÈME, *Lisez :*		53 p. *page* 24, ROND, *Lisez :*	
LONG.	PRODUIT.	LONG.	PRODUIT.	LONG.	PRODUIT.	LONG.	PRODUIT.
pieds	solives.	pieds	solives.	pieds	solives.	pieds	solives.
1	0.177	1	0.213	1	0.290	1	0.487
2	0.354	2	0.425	2	0.581	2	0.973
3	0.532	3	0.638	3	0.871	3	1.460
4	0.709	4	0.851	4	1.161	4	1.947
5	0.886	5	1.063	5	1.451	5	2.433
6	1.063	6	1.276	6	1.742	6	2.920
7	1.241	7	1.489	7	2.032	7	3.407
8	1.418	8	1.701	8	2.322	8	3.894
9	1.595	9	1.914	9	2.613	9	4.380
10	1.772	10	2.126	10	2.903	10	4.867
11	1.950	11	2.339	11	3.193	11	5.354
12	2.127	12	2.552	12	3.483	12	5.840
13	2.304	13	2.764	13	3.774	13	6.327
14	2.481	14	2.977	14	4.064	14	6.814
15	2.658	15	3.190	15	4.354	15	7.300
16	2.836	16	3.402	16	4.645	16	7.787
17	3.013	17	3.615	17	4.935	17	8.274
18	3.190	18	3.828	18	5.225	18	8.760
19	3.367	19	4.040	19	5.515	19	9.247
20	3.545	20	4.253	20	5.806	20	9.734
21	3.722	21	4.466	21	6.096	21	10.220
22	3.899	22	4.678	22	6.386	22	10.707
23	4.076	23	4.891	23	6.677	23	11.194
24	4.254	24	5.104	24	6.967	24	11.681
25	4.431	25	5.316	25	7.257	25	12.167
26	4.608	26	5.529	26	7.547	26	12.653
27	4.785	27	5.741	27	7.838	27	13.141
28	4.962	28	5.954	28	8.128	28	13.627
29	5.140	29	6.167	29	8.418	29	14.114
30	5.317	30	6.379	30	8.709	30	14.601

CIRCONFÉRENCE DE

62 p. *page* 26, CINQUIÈME, *Lisez :*		62 p. *page* 26, SEPTIÈME, *Lisez :*		70 p. *page* 38, SIXIÈME, *Lisez :*		74 p. *page* 32, SIXIÈME, *Lisez :*	
LONG.	PRODUIT.	LONG.	PRODUIT.	LONG.	PRODUIT.	LONG.	PRODUIT.
pieds	solives.	pieds	solives.	pieds	solives.	pieds	solives.
1	0.355	1	0.405	1	0.492	1	0.550
2	0.710	2	0.811	2	0.985	2	1.100
3	1.065	3	1.216	3	1.477	3	1.650
4	1.420	4	1.621	4	1.969	4	2.201
5	1.775	5	2.027	5	2.461	5	2.650
6	2.131	6	2.432	6	2.954	6	3.301
7	2.486	7	2.838	7	3.446	7	3.851
8	2.841	8	3.243	8	3.938	8	4.401
9	3.196	9	3.648	9	4.431	9	4.951
10	3.551	10	4.054	10	4.923	10	5.502
11	3.906	11	4.459	11	5.415	11	6.052
12	4.261	12	4.864	12	5.908	12	6.602
13	4.616	13	5.270	13	6.400	13	7.152
14	4.971	14	5.675	14	6.892	14	7.702
15	5.326	15	6.081	15	7.384	15	8.252
16	5.681	16	6.486	16	7.877	16	8.802
17	6.037	17	6.891	17	8.369	17	9.353
18	6.392	18	7.297	18	8.861	18	9.903
19	6.747	19	7.702	19	9.354	19	10.453
20	7.102	20	8.107	20	9.846	20	11.003
21	7.457	21	8.513	21	10.338	21	11.563
22	7.812	22	8.918	22	10.830	22	12.104
23	8.167	23	9.324	23	11.323	23	12.654
24	8.522	24	9.729	24	11.815	24	13.204
25	8.877	25	10.134	25	12.307	25	13.754
26	9.332	26	10.540	26	12.800	26	14.304
27	9.587	27	10.945	27	13.392	27	14.854
28	9.943	28	11.950	28	13.784	28	15.404
29	10.398	29	11.756	29	14.276	29	15.956
30	10.653	30	12.161	30	14.769	30	16.505

CIRCONFÉRENCE DE

74 p. *page* 32, ROND, *Lisez :*		76 p. *page* 33, SIXIÈME, *Lisez :*		78 p. *page* 34, SIXIÈME, *Lisez :*		78 p. *page* 34, ROND, *Lisez :*	
LONG.	PRODUIT.	LONG.	PRODUIT.	LONG.	PRODUIT.	LONG.	PRODUIT.
pieds	solives.	pieds	solives.	pieds	solives.	pieds	solives.
1	0.792	1	0.580	1	0.611	1	0.880
2	1.584	2	1.161	2	1.223	2	1.760
3	2.377	3	1.741	3	1.834	3	2.641
4	3.169	4	2.321	4	2.445	4	3.521
5	3.961	5	2.902	5	2.056	5	4.401
6	4.753	6	3.482	6	3.668	6	5.281
7	5.546	7	4.062	7	4.279	7	6.161
8	6.338	8	4.642	8	4.890	8	7.042
9	7.130	9	5.223	9	5.501	9	7.922
10	7.922	10	5.803	10	5.113	10	8.802
11	8.715	11	6.383	11	6.724	11	9.682
12	9.507	12	6.964	12	6.335	12	10.562
13	10.299	13	7.544	13	7.946	13	11.443
14	11.091	14	8.124	14	8.558	14	12.333
15	11.884	15	8.104	15	8.169	15	13.203
16	12.676	16	9.285	16	9.780	16	13.083
17	13.468	17	9.865	17	10.391	17	14.964
18	14.260	18	10.445	18	11.003	18	15.844
19	15.053	19	11.025	19	11.614	19	16.724
20	15.845	20	11.606	20	12.225	20	17.604
21	16.637	21	12.186	21	12.836	21	18.484
22	17.429	22	12.766	22	13.448	22	19.365
23	18.222	23	13.347	23	14.059	23	20.245
24	19.514	24	13.927	24	14.670	24	21.125
25	19.806	25	14.507	25	15.281	25	22.005
26	20.598	26	15.088	26	15.893	26	22.885
27	21.391	27	15.668	27	16.504	27	23.766
28	22.183	28	16.258	28	17.116	28	24.646
29	22.975	29	16.829	29	17.727	29	25.526
30	23.767	30	17.409	30	18.339	30	26.406

CIRCONFÉRENCE DE

82 p. *page* 36, SIXIÈME, *Lisez :*		82 p. *page* 36, SEPTIÈME, *Lisez :*		94 p. *page* 42, ROND, *Lisez :*		98 p. *page* 44, SIXIÈME, *Lisez :*	
LONG.	PRODUIT.	LONG.	PRODUIT.	LONG.	PRODUIT.	LONG.	PRODUIT.
pieds	solives.	pieds	solives.	pieds	solives.	pieds	solives.
1	0.676	1	0.715	1	1.278	1	0.965
2	1.351	2	1.429	2	2.556	2	1.930
3	2.027	3	2.144	3	3.833	3	2.894
4	3.702	4	2.859	4	5.111	4	3.859
5	3.378	5	3.574	5	6.389	5	4.824
6	4.053	6	4.288	6	7.667	6	5.789
7	4.729	7	5.003	7	8.944	7	6.754
8	5.404	8	5.718	8	10.222	8	7.719
9	6.080	9	6.432	9	11.500	9	8.683
10	6.756	10	7.147	10	12.778	10	9.648
11	7.431	11	7.862	11	14.056	11	10.613
12	8.107	12	8.577	12	15.333	12	11.578
13	8.782	13	9.391	13	16.611	13	12.543
14	9.458	14	10.006	14	17.889	14	13.507
15	10.133	15	10.721	15	19.167	15	14.472
16	10.809	16	11.435	16	20.544	16	15.437
17	11.484	17	12.150	17	21.822	17	16.492
18	12.160	18	12.865	18	23.000	18	17.367
19	12.836	19	13.579	19	24.278	19	18.332
20	13.511	20	14.294	20	25.556	20	19.296
21	14.187	21	15.009	21	26.833	21	20.261
22	14.862	22	15.724	22	28.111	22	21.226
23	15.538	23	16.438	23	29.389	23	22.191
24	16.213	24	17.153	24	30.667	24	23.156
25	16.889	25	17.868	25	31.944	25	24.120
26	17.564	26	18.582	26	33.222	26	25.085
27	18.240	27	19.297	27	34.500	27	26.050
28	18.916	28	20.012	28	35.778	28	27.014
29	19.191	29	20.727	29	37.056	29	27.980
30	20.267	30	21.441	30	38.333	30	28.945

CIRCONFÉRENCE DE

98 p. *page* 44, SEPPIÈME, *Lisez :*		102 p. *page* 46, CINQUIÈME, *Lisez :*		104 p. *page* 47, SIXIÈME, *Lisez :*		116 p. *page* 53, SIXIÈME, *Lisez :*	
LONG.	PRODUIT.	LONG.	PRODUIT.	LONG.	PRODUIT.	LONG.	PRODUIT.
pieds	solives.	pieds	solives.	pieds	solives.	pieds	solives.
1	1.021	1	0.963	1	1.087	1	1.352
2	2.042	2	1.926	2	2.173	2	2.704
3	3.063	3	2.890	3	3.260	3	4.056
4	4.083	4	3.853	4	4.347	4	5.408
5	5.104	5	4.816	5	5.433	5	6.760
6	6.125	6	5.779	6	6.520	6	8.111
7	7.146	7	6.743	7	7.607	7	9.463
8	8.167	8	7.706	8	8.693	8	10.815
9	9.188	9	8.669	9	9.780	9	12.167
10	10.208	10	9.632	10	10.867	10	13.519
11	11.229	11	10.596	11	11.953	11	14.871
12	12.250	12	11.559	12	12.040	12	16.223
13	13.271	13	12.522	13	14.127	13	17.575
14	14.292	14	13.485	14	15.213	14	18.927
15	15.313	15	14.449	15	16.300	15	20.279
16	16.333	16	15.412	16	17.387	16	21.631
17	17.354	17	16.375	17	18.474	17	22.983
18	18.375	18	17.338	18	19.560	18	24.334
19	19.396	19	18.302	19	20.647	19	25.686
20	20.417	20	19.265	20	21.733	20	27.038
21	21.438	21	20.228	21	22.820	21	28.390
22	22.458	22	21.191	22	23.907	22	29.742
23	23.479	23	22.153	23	24.994	23	31.094
24	24.500	24	23.118	24	26.080	24	32.446
25	25.521	25	24.081	25	27.167	25	33.798
26	26.542	26	25.044	26	28.254	26	35.150
27	27.563	27	26.008	27	29.340	27	36.502
28	28.583	28	26.971	28	30.427	28	37.854
29	29.604	29	27.934	29	31.514	29	39.206
30	30.625	30	28.897	30	31.600	30	40.557

CIRCONFÉRENCE DE

116 p. *page* 53, AU ROND, *Lisez :*		120 p. *page* 55, SEPTIÈME, *Lisez :*		128 p. *page* 59, SIXIÈME, *Lisez :*		132 p. *page* 61, CINQUIÈME, *Lisez :*	
LONG.	PRODUIT.	LONG.	PRODUIT.	LONG.	PRODUIT.	LONG.	PRODUIT.
pieds	solives.	pieds	solives.	pied	solives.	pieds	solives.
1	1.947	1	1.531	1	1.646	1	1.613
2	3.594	2	3.061	2	3.292	2	3.227
3	5.840	3	4.592	3	4.938	3	4.840
4	7.787	4	6.122	4	6.584	4	6.453
5	9.734	5	7.653	5	8.230	5	8.067
6	11.981	6	9.184	6	9.877	6	9.680
7	13.627	7	10.714	7	11.523	7	11.293
8	15.574	8	12.245	8	13.169	8	12.907
9	17.521	9	13.776	9	14.815	9	14.520
10	19.468	10	15.306	10	16.461	10	16.133
11	21.414	11	16.837	11	18.107	11	17.747
12	23.461	12	18.368	12	19.753	12	19.360
13	25.308	13	19.898	13	21.399	13	20.973
14	27.355	14	21.429	14	23.045	14	22.587
15	29.201	15	22.959	15	24.691	15	24.200
16	31.148	16	24.490	16	26.337	16	25.813
17	33.095	17	26.020	17	27.984	17	27.427
18	35.042	18	27.551	18	29.630	18	29.040
19	36.988	19	29.082	19	31.276	19	30.653
20	38.935	20	30.612	20	32.922	20	32.267
21	40.882	21	32.143	21	34.568	21	33.880
22	42.829	22	33.674	22	36.214	22	35.493
23	44.775	23	35.204	23	37.860	23	37.107
24	46.722	24	36.735	24	39.506	24	38.720
25	48.669	25	38.265	25	41.152	25	40.333
26	50.616	26	29.796	26	42.798	26	41.947
27	52.562	27	41.327	27	44.444	27	43.560
28	54.509	28	42.857	28	46.090	28	45 173
29	56.456	29	44.388	29	47.737	29	46.787
30	58.403	30	45.918	30	49.383	30	48.400

CIRCONFÉRENCE DE

136 p. *page* 63, SEPTIÈME, *Lisez :*		138 p. *page* 64, SIXIÈME, *Lisez :*		142 p. *page* 66, AU ROND, *Lisez :*		162 p. *page* 76, SIXIÈME, *Lisez :*	
LONG.	PRODUIT.	LONG.	PRODUIT.	LONG.	RODUIT.	LONG.	PRODUIT.
pe s	solives.	pie s	solives.	pieds	solives.	pieds	solives.
1	1.966	1	1.913	1	2.917	1	2.637
2	3.932	2	3.827	2	5.834	2	5.273
3	5.898	3	5.740	3	8.752	3	7.910
4	7.864	4	7.653	4	11.669	4	10.547
5	9.830	5	9.567	5	14.586	5	13.184
6	11.796	6	11.480	6	17.503	6	15.820
7	13.762	7	13.393	7	20.421	7	18.457
8	15.728	8	15.307	8	23.338	8	21.094
9	17.694	9	17.220	9	26.255	9	23.730
10	19.660	10	19.133	10	29.172	10	16.367
11	21.626	11	21.047	11	32.090	11	29.004
12	23.592	12	22.960	12	35.007	12	31.641
13	25.558	13	24.873	13	37.924	13	34.277
14	27.524	14	26.787	14	40.841	14	36.914
15	29.490	15	28.700	15	43.759	15	39.551
16	31.456	16	30.613	16	46.676	16	42.188
17	33.422	17	32.527	17	49.593	17	44.824
18	35.388	18	34.440	18	52.510	18	47.461
19	37.354	19	39.353	19	55.428	19	50.098
20	39.320	20	38.267	20	58.345	20	52.734
21	41.286	21	40.180	21	61.262	21	55.371
22	43.252	22	42.393	22	64.179	22	58.008
23	45.218	23	44.007	23	67.097	23	60.645
24	47.183	24	45.920	24	70.014	24	63.281
25	49.149	25	47.833	25	72.931	25	65.918
26	51.115	26	49.747	26	75.848	26	68.555
27	53.081	27	51.661	27	78.766	27	71.191
28	55.047	28	53.573	28	81.683	28	73.828
29	57.013	29	55.487	29	84.600	29	76.465
30	58.979	30	57.400	30	87.517	30	79.102

CIRCONFÉRENCE DE

162 p. *page* 76, AU ROND, *Lisez :*		182 p. *page* 86, SIXIÈME, *Lisez :*		182 p. *page* 86, SEPTIÈME, *Lisez :*		186 p. *page* 88, AU ROND, *Lisez :*	
LONG.	PRODUIT.	LONG.	PRODUIT.	LONG.	PRODUIT.	LONG.	PRODUIT.
pieds	solives.	pieds	solives.	pieds	solives.	pieds	solives.
1	3.797	1	3.328	1	3.521	1	5.005
2	7.594	2	6.656	2	7.042	2	10.010
3	11.391	3	9.984	3	10.563	3	15.015
4	15.188	4	13.312	4	14.083	4	20.020
5	18.984	5	16.639	5	17.604	5	25.025
6	22.781	6	19.967	6	21.125	6	30.030
7	26.578	7	23.295	7	24.646	7	35.035
8	30.375	8	26.623	8	28.167	8	40.040
9	34.172	9	29.951	9	31.688	9	45.045
10	37.969	10	33.279	10	35.208	10	50.050
11	41.766	11	36.607	11	38.729	11	55.055
12	45.563	12	39.935	12	42.250	12	60.060
13	49.359	13	43.202	13	45.771	13	65.065
14	53.156	14	46.590	14	49.292	14	70.070
15	56.953	15	49.918	15	52.813	15	75.075
16	60.750	16	53.246	16	56.333	16	80.080
17	64.547	17	56.573	17	59.854	17	85.085
18	68.344	18	59.902	18	63.375	18	90.090
19	72.141	19	63.230	19	66.896	19	95.095
20	75.938	20	66.558	20	70.417	20	100.100
21	79.734	21	69.886	21	73.938	21	105.105
22	83.531	22	73.213	22	77.458	22	110.110
23	87.328	23	76.541	23	80.979	23	115.115
24	91.125	24	79.869	24	84.500	24	120.121
25	94.922	25	83.197	25	88.021	25	125.126
26	98.719	26	86.525	26	91.542	26	130.131
27	102.516	27	89.853	27	95.063	27	135.136
28	106.313	28	93.181	28	98.583	28	140.141
29	110.109	29	96.518	29	102.104	29	145.146
30	113.906	30	99.836	30	105.125	30	150.151

ÉPERNAY, IMPR. DE Mme FIÉVET.

www.ingramcontent.com/pod-product-compliance
Ingram Content Group UK Ltd.
Pitfield, Milton Keynes, MK11 3LW, UK
UKHW021126220726
13924UKWH00004B/1936

9 782019 96965